Jörg Sand

Praxisratgeber
Klassikerkauf

Mercedes-Benz
G-Klasse

Baureihe W 460 / W 461
Alle Modelle 1979-2000

HEEL

HEEL Verlag GmbH
Gut Pottscheidt
53639 Königswinter
Telefon 0 22 23 / 92 30-0
Telefax 0 22 23 / 92 30-13
Mail: info@heel-verlag.de
Internet: www.heel-verlag.de

Verantwortlich für den Inhalt: Jörg Sand

Lektorat: Tobias Zoporowski

Satz und Gestaltung: Ralph Handmann

Titelbild: Daimler AG

Druck und Verarbeitung: D+L Reichenberg GmbH, Bocholt

Printed in Germany

ISBN: 978-3-95843-025-9

Inhalt

Einleitung – Zum Zweck dieses Buches

Das Mercedes-Benz G–Modell ist ein sehr robustes und hochgeländegängiges Fahrzeug. Trotzdem sind auch, insbesondere da manch angebotene Exemplare schon über 30 Jahre alt sind, einige Schwachstellen zu finden.
Dieses Buch soll Sie vor einem teuren Fehlkauf schützen und Ihnen dabei helfen, den richtigen G zu finden.
Die Baureihe W 460 der Baujahre 1979-1985 hat nun das Oldtimeralter erreicht. Die Einstufung als Oldtimer bringt unter anderem steuerliche Vorteile mit sich. Um sicherzustellen, dass der klassische G eine lohnende Investition und als Garagengold eine sichere Anlage wird, muss bei der Anschaffung einiges beachtet werden. Es ist davon auszugehen, dass die meisten Fahrzeuge nicht als reine Geldanlage in der Garage versauern, sondern aus Freude am Fahren auch gern bewegt werden. Aus diesem Grund sind die Autos mit der höchsten Motorleistung die meistgesuchten. Der 150-156 PS starke Mercedes 280 GE ist der Tipp, wenn es um eine Anlage mit Zukunft geht. Als unrestauriertes Cabrio im Zustand 3 hat er jetzt schon die 19.000 € Marke locker durchbrochen. Gut restaurierte Fahrzeuge kosten ab 30.000 € aufwärts.

Die Modellpalette des W 460 bei der Einführung 1979: In den darauffolgenden Jahren kamen noch weitere Versionen hinzu.

Insgesamt gilt: Jeder G ist ein guter Kauf, wenn der Zustand zum Preis passt, ganz gleich, welchen Motor er unter der Haube hat. Beachten sollte man dabei unbedingt, dass vor allem frühe W 460 erhebliche Korrosionsschäden aufweisen können.
Ein gebrauchtes G-Modell hat immer seinen Preis. Auch sehr alte Fahrzeuge werden teilweise zu utopischen Preisen angeboten. Allerdings sind 15.000 € für einen Mercedes G aus dem Baujahr 1989 nur dann gerechtfertigt, wenn es sich dabei um ein außergewöhnlich gut gepflegtes und erhaltenes Exemplar handelt, oder vom Vorbesitzer bereits mit Sachverstand restauriert wurde.
Man sollte sich vor dem Kauf darüber im Klaren sein, dass G-spezifische Originalersatzteile sehr teuer sein können. Geländeeinsätze verschleißen das Fahrzeug zudem enorm. Fahrzeuge, die mitunter von Baufirmen zu sehr niedrigen Preisen angeboten werden, sind meistens „völlig fertig“. Gleiches gilt auch für viele Fahrzeuge der Bundeswehr, die über die bundeseigene Verwertungsgesellschaft „VEBEG“ (www.vebeg.de), die dem Bundesfinanzministerium zugeordnet ist, versteigert werden. Je nach Beschaffenheit des Geländes kann ein Geländekilometer so viel Verschleiß wie 1000 Straßenkilometer verursachen.
Beim Kauf sollte besonderes Augenmerk auf den Pflege- und Wartungszustand des Fahrzeugs Wert gelegt werden. Mittlerweile werden viele G-Modelle mit Tachoständen über 400.000 km angeboten, ein Kauf eines solchen Fahrzeugs kann durchaus Sinn machen, wenn der Vorbesitzer es pfleglich behandelt hat und kein Wartungsstau vorliegt. Im Gegensatz dazu kann der Kauf eines Fahrzeugs mit einem „abgelesenen“ Tachostand von 90.000 km beim Fähnchenhändler um die Ecke schnell zum kapitalen Fehlkauf werden. Es wird leider nirgendwo so viel betrogen wie im Gebrauchtwagenhandel. Der Kauf beim Fachhändler, mit eigener (Mercedes) Werkstatt, oder direkt beim Vorbesitzer ist meistens der bessere Kauf. Der Fachhändler haftet (gesetzliche Gewährleistung) in Deutschland ein Jahr. Grundsätzlich ist der Pflegezustand von Fahrzeugen, die lange in einer Hand waren meistens besser als bei denen mit vielen Vorbesitzern. Solche Autos wurden oft weiterverkauft, weil eine größere Reparatur anstand.

Danksagung

Neben allen anderen Helfern gilt mein besonderer Dank der Firma GFG mbH die durch Einblick in ihr Fahrzeuglager bei der Erstellung des Buches geholfen hat.

Abgesehen von den Bundeswehr-Exemplaren befinden sich Behörden und Einsatzfahrzeuge oft in hervorragendem Zustand und sind aufgrund geringer Kilometerleistungen dankbare Kaufobjekte. Die 280 GE Station-Wagen Lang – wie das hier gezeigte Exemplar– wurden von Feuerwehren, Polizei und Bundesgrenzschutz angeschafft.

1 Der richtige Wagen?

Große und kleine Fahrer

Der Innenraum der G-Klasse ist größer als man vermutet. Die hohe und aufrechte Sitzposition erlaubt auch sehr großen Fahrern ein angenehmes Fahren. Kleine bis durchschnittlich große Fahrer finden dank der umfangreichen Verstellmöglichkeiten der Sitze ebenfalls eine angenehme Position. Dies gilt vor allem, wenn der optionale höhenverstellbare Fahrersitz verbaut ist.

Bedienbarkeit

Dank servounterstützter Bremsen (ab 1984 mit stärkerem Bremskraftverstärker) und Lenkung (Serie außer beim 230 G und 240 GD) sind die Mercedes-G-Modelle leicht zu fahren. Die logisch angeordneten Schalter und Bedienteile stammen aus den Mercedes-Benz PKW- und Transporterbaureihen, hier findet man sich schnell zurecht.

Abmessungen

Mercedes G	Kurz	Lang
Länge	4,11	4,56 Meter
Breite	1,70	1,76 Meter (mit Kotflügelverbreiterungen)
Höhe	1,95 Meter (je nach Ausführung des Fahrwerks und der Bereifung kann die Fahrzeughöhe variieren)	

Innenraum

Die Innenausstattung der W 460/461 war für ein Nutzfahrzeug ausgelegt – sie ist demzufolge sehr nüchtern gehalten – kann aber durch Sonderausstattungen deutlich aufgewertet worden sein. So zählten etwa Teppichboden und Wurzelholz zu den begehrten „Luxusextras" der Achtzigerjahre. Eine Lederausstattung gab es ab Werk allerdings weder für Geld noch für gute Worte. Begehrt sind die seltenen, damals optional erhältlichen „Recaro"-Sitze und die Zusatzsitze für den Laderaum. Beides gab es ab Werk. Als zusätzliches Plus gilt, wenn im Fahrzeug auch noch das originale „Becker"-Radio verbaut ist.

Das recht funktionell anmutende Cockpit eines W 460 der ersten Generation mit Transporter-Lenkrad und nur 2-stufigem Lüfter-Druckschalter für die Heizung: Die Sitze sind mit dem original Karo-Stoff bezogen.

Schon fast luxuriös: Das Cockpit der letzten W 461-Version (290 GD Turbo; 1998-2000) ist mit Airbag-Lenkrad und den mit großem Karo-Stoff bezogenen Sitzen aus dem W 463 ausgestattet. Nur im letzten W 461 sind anstelle der klassischen Rundinstrumente die modernen Armaturen aus dem Mercedes Sprinter verbaut.

Der Station-Wagen kurz bietet auch einen sehr großen Stauraum bei umgelegter bzw. leicht ausgebauter Rückbank. Gut sichtbar sind hier die PVC-Bodenmatten des W 460.

Gepäckraum

Der Laderaum des Mercedes G ist dank seiner kubischen Form und seiner enormen Höhe sehr großzügig und sehr gut nutzbar. Das gilt insbesondere, wenn die Rückbank umgeklappt wird. Der Zugang zum Ladeabteil ist sogar groß genug für die Beladung mit Palettenfracht. Auch große Hunde finden hier bequem Platz.

Unterhaltskosten

Generell ist der Treibstoffverbrauch immer der herausragende Posten bei den Unterhaltskosten eines Mercedes G. Nur der 290 GD Turbo macht hier eine Ausnahme, er kann mit 10 Liter auf 100 km bewegt werden. Steuer und Versicherung sind bei Fahrzeugen mit H-Zulassung sehr günstig. Nur die Diesel ohne H-Kennzeichen sind in der Steuer sehr teuer. Ein probates „Steuersparmodell" und damit vor allem für Dieselfahrer interessant, ist die Zulassung des G-Modells als LKW. Die macht allerdings nur dann Sinn, wenn man bereit ist, die dazu zwingend notwendigen Umbauten – z. B. Ausbau der Rücksitze inklusive Rückhaltesystem, evtl. verschließen der hinteren Seitenfenster – durchführen zu lassen. Zudem sind diese Umbauten nicht ohne größeren Aufwand reversibel.

Alltagstauglichkeit

Der W 460/461 ist nach wie vor ein erstklassiges Fahrzeug für den Geländeeinsatz und bietet hervorragende Talente als Lademeister und Zugfahrzeug. Abstriche im Vergleich zu neueren Geländewagen müssen beim Komfort und bei den Fahrleistungen (außer 280 GE und 290 GD Turbo) gemacht werden. Die Diesel scheitern an feinstaubbefreiten Innenstädten, eine grüne Plakette bekommen sie allesamt nicht. Für diverse Motorisierungen älterer Mercedes-Benz Diesel-PKW gibt es Nachrüstsätze mit Katalysatoren inklusive Partikelfiltersystem. Nach der Umrüstung bekommen diese Fahrzeuge eine grüne Umweltplakette. Verbreitet ist dieser Umbau – der federführend von der Fa. Deißler Umwelttechnik in Stuttgart (www.sauberfahren.de) entwickelt wurde – überwiegend in der Mercedes-Benz W 124-Szene. Es macht aber durchaus Sinn, beim Anbieter nachzufragen, ob auch die Umrüstung von G-Modellen möglich ist. Mit Kosten von mindestens 2000 Euro muss allerdings gerechnet werden, steuerliche Vorteile – etwa die Umschlüsselung in eine günstigere Steuerklasse – ergeben sich durch den Umbau jedoch nicht. Die Firmen GFG oder SK sind für solche Umrüstprojekte die richtigen Ansprechpartner für Abgasreinigung. Eine Nachrüstung der W 460 macht umwelttechnisch auf jeden Fall Sinn, auch wenn die letzten Fahrzeuge der Baureihe bereits im Jahr 2019 das begehrte H-Kennzeichen bekommen können.

Selten: eine verlängerte Krankenwagenversion des W 460, wie sie von den Karosseriefirmen Binz und Miesen angefertigt wurden. Am hinteren Teil der extrem geräumigen Karosse findet sich häufig Rost.

Dieses W 460 „Fernreisefahrzeug" ist mit diversen Extras wie Ansaugschnorchel und Gepäckträger für Geländefahrten versehen.

Teileverfügbarkeit

Viele Ersatzteile (u. a. Motor und Getriebe) können aus Mercedes PKW-Baureihen bezogen werden und sind daher oft gebraucht günstig zu finden. Generell sind fast alle Ersatzteile für den G auch neu über Mercedes-Benz oder über die Firma S-Tec in Graz lieferbar.

Kosten

Wartungs- und Verschleißteile wie Ölfilter und Bremsbeläge sind erstaunlich günstig. G-spezifische Teile (Verteilergetriebe, Achsen, etc.) können ins Geld gehen, lassen sich mittlerweile aber auch gebraucht über spezialisierte Händler beschaffen.

Versicherung

Die Versicherungseinstufung des Mercedes G ist erfreulich niedrig, dies gilt vor allem für die Benziner. Ist der Wagen über 30 Jahre alt, kommen zudem die noch günstigeren Oldtimertarife in Frage. Hier lohnt es sich, verschiedene Assekuranzen miteinander zu vergleichen.

Werterhalt

Der G vom Typ W460 steht gerade am Anfang seiner Karriere als „Oldtimer". Den absoluten Tiefstand der Preise hat die Baureihe schon hinter sich. Vor allem der Wert eines 280 GE als Cabrio wächst stetig und deutlich.

Schwächen

Hoher Kraftstoffverbrauch, vergleichsweise leistungsschwache Motoren (außer 280 GE und 290 GD Turbo). Zudem sind fachkundige Werkstätten, die sich mit der Technik der G-Modelle sicher auskennen, rar. Wider Erwarten trifft das mitunter auch auf Mercedes-Benz Niederlassungen zu. Deshalb müssen häufig weite Wege zum nächsten Spezialbetrieb eingeplant werden.

Pluspunkte

Universell einsetzbarer Klassiker, in dem auch Familie und Hund Platz finden. Der G ermöglicht nahezu unglaublichen Fahrspaß im Gelände. Die solide Nutzfahrzeugtechnik ist gefühlt für die Ewigkeit gebaut.

Alternativen

Puch G (im Steyr/Puch-Werk montiertes, baugleiches Fahrzeug; auf dem Gebrauchtmarkt mitunter günstiger zu haben), Range Rover, Toyota Land Cruiser, Chevrolet Blazer

2 Kosten – erschwinglich oder nicht?

Die genannten Preise entsprechen Wartungsintervallen und Reparaturarbeiten in einer freien Werkstatt. In einer Mercedes-Benz Niederlassung liegen sie erfahrungsgemäß darüber, zudem gibt es regionale Unterschiede. Es handelt sich bei allen Angaben also nur um Richtwerte.

Pflegedienst (alle 10.000 km): ca. 450 €
Wartungsdienst (alle 20.000 km): ca. 900 €

Betriebsanleitung: ca. 30 €
Werkstatthandbuch: ca. 140 €

Motor-Komplettüberholung 280 GE M 110 (inkl. Aus- und Einbau): ca. 6000 €
Motor-Komplettüberholung 300 GD OM 617 (inkl. Aus- und Einbau): ca. 5000 €
Motor-Komplettüberholung 250/290 GD OM 602 (inkl. Aus- und Einbau): ca. 5000 €
Motor-Komplettüberholung 230 G/230 GE/240 GD: (inkl. Aus- und Einbau) ca. 4000 €
Getriebeüberholung Schaltgetriebe (inkl. Aus- und Einbau): ca. 1400 €
Getriebeüberholung Automatik (inkl. Aus- und Einbau): ca. 2400 €
Überholung Vorderachse (inkl. Aus- und Einbau): ca. 1200 €
Überholung Hinterachse (inkl. Aus- und Einbau): ca. 800 €
Scheinwerfer: ca. 25 €
Rückleuchte (Streuscheibe): ca. 50 €
Heckklappe (gebraucht u. rostfrei, je nach Ausführung): ca. 800 €
Windschutzscheibe: ca. 150 €
Wasserpumpe: ca. 30 €
Bremsscheiben (Satz) vorn: ca. 80 €
Bremsklötze (Satz) vorn: ca. 30 €

Leicht zu findende Teile

So gut wie alle Teile sind neu verfügbar.

Schwierig zu findende Teile

Rostfreie gebrauchte Hecktüren; für W 460-Exemplare mit Baujahr 1979 bis 1982: Polsterstoff, 6-Loch-Flansch, Verteilergetriebe, Achsen und Kardanwellen; für W 461-Exemplare: gekapselte Lichtmaschine mit Schnorchel

Kostspielige Teile

Verteilergetriebe, Lenkgetriebe, Achsen, elektrische Teile für Militärfahrzeuge (24 V)

So sah Mercedes-Benz den G in der Werbung: Zuhause auf den Boulevards der Welt. Oft setzten spätestens die 2. oder 3. Besitzer die Fahrzeuge aber auch verstärkt im Offroad-Bereich ein.

3 Leben mit einer G-Klasse

Typ W 460

Der Mercedes/Puch G des Baumusters W 460 (1979-1990) ist die erste Generation der G-Klasse. Sie führt heute vor allem ein Dasein als Freizeit- oder reines Arbeitsfahrzeug. Für den Alltagseinsatz ist der W 460 heute wegen der vergleichsweise schwach dimensionierten Motoren und dem über das Verteilergetriebe (VG 80) nur zuschaltbaren Allradantrieb ohne ABS immer ein Kompromiss. Auch der recht rustikale Komfort spricht gegen den Einsatz als Erstfahrzeug. Mittlerweile haben sich viele Liebhaber gefunden, die den W 460 als Oldtimer pflegen. Zu Recht, der W 460 ist immer noch gut für Spiel und Spaß im Gelände und dazu ein Muster an Zuverlässigkeit. Für eine Fernreise sind die jüngeren Vertreter der Baureihe (ab 1990) allerdings die bessere Wahl, auch weil sich am Markt kaum noch W 460 finden, die im fernreisetauglichen Zustand sind. Neben den nicht gerade kräftigen Vier- und Fünfzylinder Diesel- und Benzinmotoren gab es noch den empfehlenswerten 280 GE mit dem 156 PS leistenden M 110-Sechszylindermotor, der sich auch für heutige Ansprüche hinreichend flott bewegen lässt. Mit den „robusten" Trinksitten des Aggregats, die sich durchaus auf dem Niveau eines weitaus moderneren 500 GE mit immerhin 300 PS einpendeln können, muss man leben wollen.

Typ W 461 (1990-2000)

Für den „Wagen 461" bis Baujahr 2000 – weitgehend baugleich mit dem W 460 – gelten die gleichen Kriterien wie für den W 460. Allerdings gab es den 461er zum Ende seiner Bauzeit mit einem durchzugsstarken Turbodieselmotor: Der 290 GD Turbo verfügte über einen 2,9-Liter-Fünfzylinder-Turbodiesel-Direkteinspritzer (TDI) mit Ladeluftkühlung. Das Aggregat leistete 120 PS und war mit einem Durchschnittsverbrauch von rund 10 Litern/100 km wirtschaftlich vertretbar und ausreichend flott zu bewegen. Zudem war gegen Aufpreis ein ABS verfügbar.

Die Karosserievariante „Station-Wagen Kurz" ist die günstigste Art, einen G zu fahren. Die dreitürigen Fahrzeuge sind auf dem Gebrauchtwagenmarkt deutlich günstiger als der lange Station-Wagen oder das Cabrio.

Einer für Alles: Ein W 460 kann mit hervorragender Alltags- und Geländetauglichkeit punkten. Der hier gezeigte W 460 aus dem Jahr 1986 in Anthrazitgrau Metallic (Farbcode 172) mit original Rammschutz, Kotflügelverbreiterung und 15"-AMG-Felgen bietet innen auch noch die Vollausstattung.

Sicheres Auftreten auch auf anspruchsvollem Terrain: Ein W 461 290 GD Turbo auf der Grazer Hausteststrecke, dem „Schöckl".

Werbefoto eines 280 GE Offen in standesgemäßer Umgebung

Für Letzteres gilt: Im Sommer ist es zwar herrlich, offen zu fahren, das Öffnen und Schließen des Verdecks, besonders des alten Planenverdecks, kann aber für Ungeübte zur Geduldsprobe werden. Bei geschlossenem Verdeck ist beim Planwagen eine Geschwindigkeit von über 100 km/h auf Dauer nur dann möglich, wenn man sich im Auto nicht unterhalten will. Das gilt insbesondere für die offenen Militärversionen, bei denen generell an Dämmmaterial gespart wurde.

Trotzdem ist die Entscheidung für oder gegen einen bestimmten G letztlich eine Frage des Geschmacks und des Geldbeutels. Generell sollten Sie sich ohne spezielles Fachwissen und ausgeprägtes Schraubertalent besser nicht auf Fahrzeuge einlassen, die mit mehr als einer Hand voll Vorbesitzern aufwarten und deutlich unter 10.000 € kosten. Das Risiko, einem „rollenden Wrack" aufzusitzen, ist im Niedrigpreissegment extrem hoch. Investieren Sie lieber in einen nachweislich (!) gut erhaltenen W 460 aus den Baujahren 1988/89 (um 15.000 €) oder einen frühen W 461 mit nachvollziehbarem Vorleben. Diese sind für etwa 15.000 bis 18.000 € zu haben.

Zunächst war der G in der Nutzfahrzeugabteilung von Mercedes-Benz beheimatet. Hier zu sehen ein 300 GD Station-Wagen Lang auf der Nutzfahrzeug IAA 1983.

In Verbindung mit dem originalen Rammschutz wurden aus Platzgründen eckige Zusatzscheinwerfer verbaut.

Grundüberlegungen vor dem Kauf:

Ein Cabrio sollten Sie nur dann in Betracht ziehen, wenn oft offen gefahren werden kann oder genug Platz vorhanden ist, um ein Hardtop zu „parken".
Ein kurzer G ist ideal für zwei Personen. Er findet auch in der kleinsten Parklücke Platz und verfügt – dank seinem kurzen Radstand – über sehr gute Geländeeigenschaften. Außerdem ist er meist preisgünstiger zu haben als andere G-Modelle.
Der lange G bietet vor allem mehr Stauraum und auch den Passagieren mehr Platz. Zudem liegt sein Wiederverkaufswert bemerkenswert höher.
Ein Automatikgetriebe ist im Grunde nur beim 290 GD Turbo (Serie) und beim 280 GE zu empfehlen. Ihre Motoren liefern genug Leistung, die nicht vom Wandler „geschluckt" wird. Für alle anderen Motorisierungen empfiehlt sich ein Schaltgetriebe.
Diesel oder Benziner? Das ist vornehmlich eine Frage des Fahrertemperaments. Unter wirtschaftlichen Gesichtspunkten macht ein Diesel nur in (vorwiegend ländlichen) Gegenden Sinn, in denen man vor Umweltzonen sicher ist. „Kostverächter" sind alte „G-Wagen" allesamt nicht, egal mit welchem Treibstoff.
Die (leider nur sehr selten) verbaute Klimaanlage ist empfehlenswert.
Möglichst nach Fahrzeugen ohne oder mit wenig Geländekilometern suchen. Eine Sichtprüfung der Unterseite (Rahmenschäden?) ist Pflicht!
Ein recht schneller Weg zum eigenen G führt auch über die Onlineversteigerungen der „VEBEG". Die bundeseigene Verwertungsgesellschaft verkauft oder versteigert zu festgelegten Terminen „bewegliche Güter des Bundes". Das kann alles sein: Eine Feldküche findet sich dort ebenso wie die „Wölfe" der Bundeswehr. Dabei handelt es sich um Mercedes 250 GD und 290 GD in verschiedenen Versionen, 90% sind allerdings 250 GD Kurz Offen. Wichtig: Nicht „blind" bieten, sondern die Fahrzeuge unbedingt vorher anschauen! In der Regel ist keine Probefahrt möglich, auch können Teile fehlen oder die Fahrzeuge sind erheblich beschädigt. Merke: Was die VEBEG ausmustert, ist in der Regel defekt! Wunder sollte man also nicht erwarten. Mit etwas Verhandlungsgeschick ist es aber möglich, das Objekt der Begierde wenigstens einmal laufen zu lassen. Auf das Ersteigerungsgebot kommen noch 19% Mehrwertsteuer, der Abtransport – selbstverständlich auch von funktionsuntüchtigen Fahrzeugen – ist Sache des Bieters. Die Fahrzeuge werden immer ohne „Zubehör" (Bordwerkzeug, Verbandskasten, etc.) verkauft.

Die „Wölfe" der Bundeswehr sind eine günstige Möglichkeit, G-Klasse-Besitzer zu werden. Vorsicht: Die angebotenen Fahrzeuge sind teilweise in sehr schlechtem Zustand, also vor der Versteigerung unbedingt begutachten!

4 Relative Werte

Gut ausgestattete Station-Wagen Lang und Cabrios sind in der Regel die begehrtesten und somit auch die teuersten G-Modelle. Am günstigsten sind die kurzen 250 GD „Wölfe" der Bundeswehr.

Der G Offen ist ein luftiges Abenteuer- und Freizeitfahrzeug für Leute die bereit sind, dafür auf etwas Komfort zu verzichten.

Die höchsten Preise erzielen natürlich gut restaurierte, originalgetreue W 460. Für solche „Concours"-Fahrzeuge wird das Budget erheblich belastet. Man sollte sich aber vorher überlegen, ob man seinen G nicht eher im Alltagsbetrieb einsetzen möchte.
Die Austauschbarkeit von Teilen zwischen den Baureihen (W 460/461 und W 463) kann dazu führen, dass manches Karosserieteil nicht den Spezifikationen für das Baujahr des Fahrzeugs entspricht. Solche Veränderungen wie z.B. W 463 Heckleuchten beim W 460 wirken sich nachteilig auf den Fahrzeugwert aus.
Umbauten für Gasbetrieb (LPG) stellen beim historischen G auch eine Wertminderung dar. Noch erheblicher ist die Wertminderung, wenn ein markenfremder Motor verbaut wurde, was allerdings beim G-Modell zum Glück sehr selten der Fall ist.

Das Sondermodell 230 GE „Classic" von 1989 ist ein sehr gesuchter alltagstauglicher Klassiker.

Sondermodelle

230 GE „Classic“ (1989)

Anlässlich des 10-jährigen Baujubiläums erschien 1989 mit der Modellbezeichnung 230 GE „Classic“ ein Station-Wagen Kurz in einer limitierten Auflage von 500 Stück. Das stets in Blauschwarzmetallic (Farbcode 199) lackierte Fahrzeug verfügte über Zentralverriegelung, Aluräder 7Jx15, 3-Wege-Katalysator, Rammschutz, Edelstahlleisten, Recaro-Sitze vorn und über eine umfangreiche Wurzelholzausstattung. Gut erhaltene Fahrzeuge aus dieser Serie sind rare Sammlerstücke.

Zweifarben-Edition 250 GD (1987)

Mit der Markteinführung des 250 GD stellte Mercedes einige Exemplare dieses Modells in Zweifarbenlackierung vor. Die Fahrzeuge waren als Station-Wagen Lang oder Kurz erhältlich.

Ein Hauch von Luxus im G für Auge und Ohr: Das Interieur des 230 GE „Classic“ komplett mit Wurzelholzapplikationen und Becker-Radio.

Bundeswehr „Wolf“ (1990-1994)

Wegen seiner immer gleichen Grundausstattung könnte man den Wolf auch als „Sondermodell“ bezeichnen. Die Wölfe sind die günstigste Einstiegsvariante beim G-Modell.

W 461 Fahrgestell „Doppelkabine“

Diese Ausführung ist extrem selten; bei guten Fahrzeugen werden Preise um 50.000 € aufgerufen.

W 461 „Pickup“ zivil mit geschlossener Fahrerkabine

Eine so ausgestattete Variante ist ebenfalls extrem selten und entsprechend teuer.

Zwischen 1990 und 1994 wurden 12.500 „Wölfe“ (250 GD Militärversion Kurz Offen) an die Bundeswehr ausgeliefert.

AMG-Ausführungen

Auch W 460 gab es bereits mit AMG-Modifikationen. Folgende Umbauten hat AMG triebwerksseitig durchgeführt:

- 230 GE 2.6 mit aufgebohrtem M102-Motor mit einer Leistung von 160 PS
- 280 GE „Stage II“ mit 210 bis 220 PS (Zylinderkopfbearbeitung, angepasstes „Pflugfelder“-Ansaugrohr vom W 126, „Melcher“-Nockenwellen)
- 280 GE 5.0 Umbau auf M117 V8-Motor mit 240 PS
- 280 GE 5.6 Umbau auf M117 V8-Motor mit 300 PS
- 300 GD Turbo-Nachrüstung mit STT-Turbo Intercoolerkit (120 PS)

Preisgefüge

Die nachfolgende Tabelle gibt einen guten Überblick über das Preisgefüge der verschiedenen G-Ausführungen in Deutschland, wie es sich bei Drucklegung dieses Ratgebers darstellte, ermittelt von Classic Data. Die Spezialisten für Fahrzeugbewertungen aus Bochum beobachten seit über 25 Jahren den Markt für zwei- und vierrädrige Klassiker und bieten ein bundesweites Netz qualifizierter Kfz-Sachverständiger, die u. a. Wertgutachten für angebotene oder gekaufte Fahrzeuge erstellen. Unter www.classic-data.de findet man eine nach Postleitzahlen sortierte Liste der Classic-Data-Partner.
In der Realität können die Preise jedoch abhängig von Ausstattung und Fahrzeughistorie variieren. Natürlich spielen Originalität und Zustand bei den zu erzielenden Preisen die größte Rolle.

Modell W 460	Karosserie	PS	kW	ccm	BJ	Zustandsnoten				
						1	2	3	4	5
240 GD (kurz)	Kombi 3-türig	72	53	2350	1979 - 1987	29.100	17.400	9.000	5.600	k.N.
240 GD (lang)	Kombi 5-türig	72	53	2350	1979 - 1987	28.500	17.100	8.800	5.500	k.N.
250 GD (kurz)	Kombi 3-türig	84	62	2497	1987 - 1992	29.800	18.000	9.300	5.900	k.N.
250 GD (lang)	Kombi 5-türig	84	62	2497	1987 - 1992	28.900	17.500	9.000	5.700	k.N.
300 GD (kurz)	Kombi 3-türig	88	65	2938	1979 - 1990	33.900	20.400	10.600	6.700	k.N.
300 GD (lang)	Kombi 5-türig	88	65	2938	1979 - 1990	32.900	19.800	10.300	6.500	k.N.
230 G (kurz)	Kombi 3-türig	102	75	2277	1979 - 1982	32.700	19.600	10.200	6.600	k.N.
230 G (lang)	Kombi 5-türig	102	75	2277	1979 - 1982	31.700	19.000	9.900	6.400	k.N.
230 GE (kurz)	Kombi 3-türig	125	92	2299	1982 - 1991	42.500	25.300	13.300	8.600	k.N.
230 GE (lang)	Kombi 5-türig	125	92	2298	1982 - 1991	41.700	24.800	13.000	8.400	k.N.
280 GE (kurz)	Kombi 3-türig	150	110	2717	1979 - 1990	42.800	25.600	13.400	8.600	k.N.
280 GE (lang)	Kombi 5-türig	150	110	2717	1979 - 1990	41.900	25.200	13.300	8.600	k.N.

* k. N. = keine Notierung

Quelle: Classic Data Stand: Januar 2019

5 Vor der ersten Inaugenscheinnahme

Im Folgenden geben wir Ihnen ein paar Tipps zu den Fakten, die geklärt werden sollten, bevor Sie sich auf den Weg zu einem potenziellen Kaufobjekt machen. Einiges erscheint vielleicht selbstverständlich. Aber allzu häufig vergisst man genau diese Dinge in der Aufregung, womöglich ein Schnäppchen im Internet oder im Anzeigenteil einer Oldtimer-Zeitschrift gefunden zu haben. Als erste Regel gilt, sich zunächst einen Überblick über marktübliche Preise zu verschaffen. Dabei helfen Fachmagazine (z. B. Oldtimer Markt) oder jährlich erscheinende Markt-Führer (z. B. Oldtimer Katalog, erscheint im HEEL Verlag). Wenn Sie dann noch die folgenden Ratschläge befolgen, werden Sie zumindest nicht bei der ersten Besichtigung einer G-Klasse Ihrer Wahl enttäuscht sein.
Bevor Sie also eine lange Anreise in Kauf nehmen, sollten Sie sich einige wichtige Fragen überlegen, um diese Punkte bei einem Telefonat mit dem Anbieter zu klären.

Wo steht der W 460?

Wie bei jedem Autokauf sollte man auch auf der Suche nach einem Mercedes G abwägen, ob sich 400, 500 Kilometer Anreise zu einer möglicherweise erfolglosen Besichtigung lohnen. Lieber zunächst ein paar Exemplare in der näheren Umgebung anschauen. Auf diese Weise lernt man erstens eine Menge mit wenig Zeiteinsatz, und zweitens ist ja vielleicht hier schon ein schönes Fahrzeug zu bekommen.

Händler oder Privatverkäufer?

Die Gesetzgebung – Stichwort Gewährleistung – hat dafür gesorgt, dass nur noch sehr wenige Klassiker bei anderen als auf diese Fahrzeugkategorie spezialisierten Händlern angeboten werden. Diese lassen sich ihr Risiko meist gut bezahlen. Trotzdem lohnt sich genau aus diesem Grund für den Käufer immer der Gang zu einem gewerblichen Händler. Beim Privatverkäufer – bei dem es weder Garantie noch Gewährleistung gibt – sollte nur vorstellig werden, wer ein Auto wirklich gut beurteilen kann. Aber: Ein privater Verkäufer hat neben dem meist geringeren Preis außerdem oft den Vorteil, dass er sich mit dem Lebenslauf des betreffenden Fahrzeugs besser auskennt.

Kosten der Überführung

Wer nicht das Glück hat, auf einen Anhänger bzw. ein Überführungskennzeichen zugreifen zu können, sollte sich bereits vor dem Kauf über die Kosten des Transports im Klaren sein. Wenn das Fahrzeug noch zugelassen ist und einen gültigen HU-Nachweis hat, kann man sich mit dem Verkäufer möglicherweise auf die Überführung vor der Abmeldung einigen. Oder man lässt sich die Papiere schicken und reist mit neuem Kennzeichen zum Abholtermin.

Besichtigung – wann und wo?

Soweit möglich, sollte ein Kaufkandidat immer bei Tageslicht und gutem Wetter begutachtet werden. Im Dunkeln oder im Regen übersieht man zu leicht kleinere Mängel. Sehr hilfreich ist, wenn zur Besichtigung eine Hebebühne aufgesucht werden kann.

Was ist der Grund für den Verkauf?

Ein gut erhaltener Mercedes G ist eigentlich stets ein Liebhaberfahrzeug. Also muss die Frage gestellt werden, warum der jetzige Besitzer das Auto überhaupt verkauft. Eine wenig schlüssige Antwort auf diese Frage sollte ebenso misstrauisch machen, wie ein vom letzten Eintrag im Fahrzeugbrief abweichender Verkäufer. Wenn sich das noch feststellen lässt, kann auch die Anzahl der Vorbesitzer – und möglicherweise häufige Wechsel in letzter Zeit – ein Alarmsignal sein.

Zulassung und Hauptuntersuchung

Ist der Wagen noch zugelassen und kann er problemlos auf eigener Achse in die neue Garage transportiert werden? Bei abgemeldeten Fahrzeugen ist ein entsprechendes Kennzeichen notwendig. Wann war die letzte Hauptuntersuchung? Liegt der Bericht vor und besteht die Möglichkeit, ihn vor der Besichtigung einzusehen? Ist das Fahrzeug schon längere Zeit stillgelegt, kann eine teure Vollabnahme erforderlich werden.

Allgemeiner Zustand

Kann der jetzige Besitzer noch etwas über den Zustand des Fahrzeuges sagen, was über den Anzeigentext hinausgeht? Hat er noch zusätzliche Fotos? Versuchen Sie außerdem, einige der in Kapitel 7 genannten Punkte schon vor der Besichtigung zu klären.

Original oder getunt?

Fahrzeuge im Originalzustand sind die gesuchtesten und teuersten. Wenn Vorbesitzer mehr oder weniger umfangreich in die Technik und die Optik eingegriffen haben, muss man sich die Frage stellen, ob man mit einem getunten Fahrzeug kein Problem hat. Dieser Punkt ist allerdings extrem kritisch, und das gleich aus mehreren Gründen. Sind die technischen Änderungen von einem Profi oder in Eigenarbeit durchgeführt worden? Lassen Sie sich dazu unbedingt Belege (z. B. Werkstattrechnungen) zeigen. Daran schließt sich die Frage an, ob alle technischen Änderungen wie Sportlenkrad, Auspuffanlage, Motortuning oder andere Rad-/Reifenkombinationen in den Fahrzeugpapieren eingetragen sind. Ohne entsprechende Eintragungen kriegen Sie spätestens bei der nächsten Polizeikontrolle oder der nächsten HU ernsthafte Probleme; selbst ein Erlöschen des Versicherungsschutzes ist möglich.

Gruppenbild am Strand: Drei W 460 Station-Wagen Kurz und ein sehr seltener W 460 Kastenwagen Kurz (der 2. von Links).

Stimmen die Fahrzeugdaten?

Es sollte selbstverständlich sein, aber Kontrolle ist immer besser als Nachsicht. Eine übereinstimmende Fahrgestellnummer am Fahrzeug und in den Papieren ist auf jeden Fall schon mal ein erster zuverlässiger Identitätsnachweis. Bitten Sie den Verkäufer, diese Nummer schon am Telefon mitzuteilen. Mittels dieser Angaben lässt sich der Wagen bei einer Besichtigung genau identifizieren. Fragen Sie den Verkäufer bei dieser Gelegenheit auch gleich, ob das angebotene G-Klasse-Exemplar frei von den Ansprüchen Dritter (z. B. einer Bank) ist. Überprüfen Sie im Zweifelsfall auch, ob das Auto legal verkauft wird. Mit Hilfe der Fahrgestellnummer kann über die Zulassungsstelle angefragt werden, ob das Fahrzeug als gestohlen gemeldet ist.

Bleifreier Kraftstoff

Alle Benzinmodelle der Baureihe W 460 können mit bleifreiem Kraftstoff betrieben werden, allerdings ist werksseitig nur der 230 mit Kat auch für den umstrittenen Bio-Sprit E10 freigegeben.
Das Thema Umweltplakette, mit der sich bekanntlich immer mehr Städte gegen Fahrzeuge mit hohen Abgaswerten abschotten, ist bei Fahrzeugen mit H-Kennzeichen nicht relevant, da alle Modelle dieser Baujahre keine Plakette benötigen.

Versicherung

Vergleichen Sie vorher unbedingt die Prämien unterschiedlicher Anbieter. Hilfreich ist, wenn Sie bereits ein zweites Fahrzeug mit günstigem Schadensrabatt besitzen. Möglicherweise erlaubt Ihre Versicherung, die Einstufungen zu tauschen (teure Einstufung in niedrige Schadenfreiheitsklasse) oder auf einer niedrigeren Stufe einzusteigen.

Wie kann ich bezahlen?

Die meisten Privatverkäufer werden auf Barzahlung bestehen. Klären Sie deshalb vorab mit Ihrer Bank, wie Sie an mehrere tausend Euro Bargeld herankommen. Über den Geldautomaten geht das oft nicht, zumindest nicht innerhalb eines Tages. Ist der Verkäufer Händler, können Sie normalerweise bequem und sicher per Überweisung bezahlen. Vorsicht, wenn sich ein kommerzieller Händler darauf nicht einlassen will!

Kaufen auf einer Versteigerung?

Wenn Sie sich mit diesem Gedanken tragen, lesen Sie Kapitel 10 für entsprechende Tipps. Wir müssen hoffentlich nicht darauf hinweisen, dass man ein Auto nicht im Internet ersteigern sollte, wenn man es sich nicht vorher angeschaut hat.

Professionelle Überprüfung des Fahrzeuges

Wenn Sie selbst – oder ein Bekannter – nicht das Fachwissen haben, sollten Sie sich professionellen Rat für die Besichtigung holen. Gegen eine Gebühr kontrollieren z. B. TÜV, Dekra, ADAC oder auch eine beliebige Werkstatt jedes Auto.

6 Inspektionsausrüstung

- **Dieses Buch**
- **Lesebrille (falls Sie eine benötigen)**
- **Magnet (ein schwacher reicht aus)**
- **Taschenlampe**
- **Kleiner Schraubendreher**
- **Mechanikeroverall**
- **Spiegel mit verlängerter Halterung**
- **Digitalkamera**
- **Einen Freund, möglichst einen mit Fachwissen**

Bevor Sie sich auf den Weg zu einer Probefahrt machen, sollten Sie eine kleine Ausrüstung zusammenstellen, die bei der Besichtigung hilfreich sein wird. Haben Sie keine Scheu, das anvisierte G-Klasse-Exemplar gründlich zu untersuchen. Der Verkäufer soll ruhig sehen, dass Sie vorbereitet sind.
Vielleicht das wichtigste Hilfsmittel ist dieses Buch und die darin enthaltenen Checklisten. Vergessen Sie auf keinen Fall Ihre Lesebrille, sofern Sie eine benötigen, um etwas aus nächster Nähe zu inspizieren.

Ein Magnet entlarvt jeden Blender, dessen Karosserie zu weiten Teilen aus Spachtel besteht. Nur wo blankes Blech unter dem Lack liegt, bleibt der Magnet haften. (Vorsicht! Bei diesem Test nicht den Lack zerkratzen!) Dazu sollten Sie zunächst den jetzigen Besitzer nach reparierten Schäden fragen. Zumindest eine dünne Schicht Füllspachtel gehört nun einmal zu den meisten Karosseriereparaturen, auch einer professionellen. Das Fahrzeug sollte allerdings nur kleinflächige Spachtelungen aufweisen. Große Schäden werden vom Profi durch eingeschweißte Bleche behoben. Es spricht nichts gegen eine professionell ausgeführte Restaurierung. Allerdings sollte der Verkäufer mit offenen Karten spielen und diesen Umstand nicht verheimlichen.

Eine Taschenlampe bringt Licht in alle dunklen Bereiche eines Autos, und davon gibt's eine ganze Menge: Radhäuser, Fahrwerk, Unterboden, Motorraum und der Raum unter dem Armaturenbrett, um nur einige zu nennen.

Testen Sie mit einem kleinen Schraubendreher – aber vorsichtig! – verdächtig aussehende Bereiche des Unterbodens und der Karosserie um die Radhäuser herum. Auf diese Weise lassen sich möglicherweise unter dem Unterbodenschutz verborgene Durchrostungen finden. Wenn der Verkäufer Sie von dieser Untersuchung abhalten will, sollten Sie die Besichtigung abbrechen. Mit hoher Wahrscheinlichkeit wird nämlich der Prüfer bei der nächsten Hauptuntersuchung genau auf diese Weise kritische Stellen kontrollieren.

Speziell wenn keine Möglichkeit besteht, das Auto auf eine Hebebühne zu fahren, sollten Sie sich darauf vorbereiten, sich auf den Boden zu legen. Nehmen Sie deshalb einen Mechanikeroverall mit, den Sie über die normale Kleidung ziehen können. Genau in diesem Fall ist auch ein kleiner Spiegel hilfreich, der entweder auf einer kleinen Teleskopstange oder am Ende eines Stocks befestigt ist. Mit seiner Hilfe können Sie unter dem Auto – oder im Motorraum – Bereiche von Fahrwerk und Auspuff kontrollieren, die vor einem Blick verborgen sind.

Fotografieren Sie Teile bzw. Fahrzeugkomponenten, bei denen Sie sich nicht sicher sind. So können Sie später in aller Ruhe in Büchern oder bei Experten zusätzlichen Rat einholen. Überhaupt ist es ratsam, einen Freund zur Probefahrt mitzunehmen, idealerweise einen mit Mechanikerkenntnissen. Eine zweite Meinung – die mangels eigenem Interesse vielleicht sogar objektiver ist als Ihre eigene – ist bei einem Autokauf nie schädlich.

7 15-Minuten-Prüfung

Lohnt sich eine genauere Inspektion?

Optik/Karosserie

Die kostenintensivsten Problemstellen des Mercedes G sind offensichtlich: Der Rost ist sein größter Feind. Daher sind bei stark beanspruchten und unterdurchschnittlich gepflegten Fahrzeugen folgende Stellen besonders zu beachten:

- Das Heckblech im Bereich der Rücklichter und des Tankdeckels
- Die Seitenwände unter den Stoßleisten und an der Trennfuge zur oberen Seitenwand im Heckbereich
- Alle Türunterkanten (insbesondere der Hecktüre), der untere Teil des Windschutzscheibenrahmens, sowie der Schwellerbereich vor allem unter den vorderen Türscharnieren

Wenn möglich, den Türgummi und die Plastikabdeckung im Einstiegsbereich (Schweller) entfernen. Hier ist eine Rinne im Fahrzeugboden, die keinen Ablauf aufweist. Wenn durch eine defekte Türdichtung oder andere Wege Wasser in den Fußraum gelangt, bleibt es hier längere Zeit stehen und es bildet sich ein wahres Biotop!

Am massiven Leiterrahmen ist nur eine Stelle wirklich oft von Rost betroffen: die hinteren Stoßdämpferhalterungen und die Federkonsolen. Diese sollten sehr genau kontrolliert werden. Wenn sich an der Oberseite der Stoßdämpferhalterung bereits Rostblasen bilden, ist der Halter durchgerostet. Im schlimmsten Fall kann die gesamte Stoßdämpferhalterung brechen. Im Bereich der Federkonsolen kann der innere Topf – hier ist das Prallgummi befestigt – vollständig wegrosten.

Auch die Türscharniere verschleißen, hier können Sie bei offener Tür prüfen, ob die Scharniere schon Spiel haben und die Leichtgängigkeit kontrollieren. Öffnen und schließen Sie die Tür mehrfach hintereinander (ohne sie ins Schloss einzurasten) und bewegen Sie sie vorsichtig horizontal im Scharnier. Wenn eine Tür bereits schief hängt, sollte Sie das misstrauisch machen.

Nach der Sichtprüfung auf Korrosion, verschaffen Sie sich einen Überblick ob das Fahrzeug noch vollständig ist. Sind alle vier Stoßstangenecken noch vorhanden, ist das richtige Reserverad verbaut, sitzen die Gummiabdeckungen der Scheinwerfer noch fest und sind alle Gummileisten vorhanden und unbeschädigt?

Für den W 460 wurden in den Produktionsjahren 1979 bis 1982 nur vier Farbtöne angeboten: Agavengrün, Polarweiß, Saharabeige und Karminrot.

Der Innenraum des Sondermodells „Classic" wartet mit edlem Wurzelholz und sportlichen Recaro-Sitzen auf.

Innenraum

Hier sind Pflegezustand, die Ausstattung und der Geruch wichtig. Werden Sie beim Öffnen der Tür bereits von billigen Schonbezügen begrüßt, unter denen häufig beschädigte Sitze verborgen sind, kann das bereits viel über den Verkäufer und sein Auto aussagen. Gefällt die Ausstattung und ist sie im Originalzustand? Ist die Ablage unter der Heizung sowie der Beifahrerfußraum trocken? Findet sich hier Feuchtigkeit, ist mit Sicherheit der Scheibenwischerbock undicht oder – noch schlimmer! – der Scheibenrahmen durchgerostet. Zudem verrät der Innenraum auch viel über die Laufleistung des Wagens: Sind Lenkrad, Schaltknauf, Brems- und Kupplungspedalgummis verschlissen? Wie sieht der Fahrersitz aus? Ist er noch unbeschädigt?

Überprüfen Sie alle elektrischen Funktionen und testen Sie alle Schalter. Dazu gehören die Klimaanlage (falls vorhanden), Fensterheber, Zentralverriegelung (falls vorhanden), Scheibenwischer / Wischwaschanlage (vorn und hinten), Radio (falls vorhanden). Ist der Himmel trocken, hängt er durch? Hat der Teppichboden (falls vorhanden) Löcher? Ist das Verdeck dicht (Cabrio)?

Motorraum

Ist der Motor bei der Besichtigung des Fahrzeugs noch kalt? Ist er bereits warm, kann es sein, dass der Besitzer ihn vorher hat laufen lassen, um Kaltstartprobleme zu vertuschen. Sind Spuren von Undichtigkeiten (Wasser oder Öl) zu sehen? Ist eventuell brauner Schleim an der Innenseite des Öldeckels? Dies deutet auf eine defekte Zylinderkopfdichtung hin. Ebenso ist es ein Alarmsignal, wenn sich Ölspuren im Kühlwasser (in den Behälter schauen) befinden.

Befindet sich ein aktueller Ölzettel im Motorraum, der einen Hinweis auf den tatsächlichen Kilometerstand geben kann?

Die ersten in der G-Klasse verbauten Dieselmotoren waren der Vierzylinder OM 616 (240 GD) und der Fünfzylinder OM 617 (300 GD) – beide glänzen vor allem durch ihre Zuverlässigkeit.

Motor

Die OM 616/617 (im 240 GD und 300 GD des Baumusters W 460) haben oft wenig Kompression und springen dadurch bei Kälte sehr schlecht an. Eine weitere Schwachstelle bei diesen Motoren ist der hintere Kurbelwellendichtring (der so genannte „Borgmannring"). Er ist als zweiteiliger Filzring ausgeführt. Kommt es hier zu Undichtigkeiten und muss der Borgmannring getauscht werden, wird die Reparatur teuer. Zum Wechseln muss die Kurbelwelle ausgebaut werden. Also insbesondere den unteren Bereich der Kupplungsglocke auf austretendes Öl kontrollieren. Bei defektem Kurbellwellendichtring kann – wenn das Fahrzeug mit heißem Motor am Berg abgestellt wird – Motoröl auf die Kupplung laufen.
Die OM 602 (250 GD und 290 GD Fünfzylinder W 460/461) haben schon moderne Kurbelwellendichtungen. Hier treten Probleme eher mit defekten Keilriemenspannern (Reparatur ca. 450 €) auf. Öldichtigkeiten gibt es an der Unterdruckpumpe, an der Verbindungsstelle zwischen Einspritzpumpe und Motorblock sowie an der Ventildeckeldichtung hinten. Im Zweifelsfall sollte man bei allen Dieselmotoren die Kompression prüfen lassen und auf verräterische Zeichen wie blauen Auspuffqualm achten.
Der 290 GD Turbo (OM 602DELA) ist der Dieseltipp für die Baureihe W 461, der Fünfzylinder ist mit Verbrauchswerten von 10 Litern/100 km fraglos der bis dato effizienteste Motor im G-Modell. Mit seinen 120 PS bewegt er die schwere Fuhre recht ordentlich. Das serienmäßige 4-Gang Automatikgetriebe harmoniert sehr gut mit dem Direkteinspritzer.
Der Benziner im 280 GE (M110) verrichtet seine Arbeit überwiegend klaglos. Bis auf Ölundichtigkeiten (gerne am Zylinderkopf vorn oder an der Kurbelwellendichtung / Borgmannring) und rasselnde Ventile (müssen dann eingestellt werden) gibt´s nichts Auffälliges. Wer mit dem hohen Verbrauch leben kann, findet im 156 PS starken M 110 den besten Motor für die Baureihe W 460.
Die häufig nachgerüsteten V8-Benziner M 117 (aus dem PKW-Modell 500 SE und 560 SE, Modellreihe W 126) sind grundsolide und langlebige Triebwerke. Sie sind aber immer nur dann die beste – aber auch die teuerste – Motorenwahl, wenn der Umbau ordentlich durchgeführt wurde. Dann läuft kein anderer Motor so lange so zuverlässig. Dementsprechend ist auch sein Preis. Weiterer Vorteil: Ein 280 GE 5.0 V8 findet (mehr noch als andere G) immer dankbare Käufer.

**Die 88 PS des OM 617 harmonieren beim 300 GD am besten mit relativ kleinen Reifendurchmessern.
Im Motorraum sollte man auf verräterische Spuren von Flüssigkeitsverlust achten. Weiße Laufspuren deuten auf Wasserverlust hin (Schläuche und Kühler inspizieren). Aufdringlicher Kraftstoffgeruch kann von undichten Spritschläuchen verursacht sein. Es sollten keine „freifliegenden" Kabel im Motorraum baumeln. Achten Sie auf den Zustand der Batterie und des Batteriekastens.**

Getriebe

Die Getriebe sind, wie die Motoren, aus den Mercedes-Benz PKW- und Transporterbaureihen übernommen. Die Fünfgang-Schaltboxen 280 GE und 300 GD können im Alter mitunter schwächeln.

Schaltgetriebe

Macht es beim Schalten auffällige Geräusche?
Lassen sich alle Gänge schnell durchschalten? Falls nicht, kann die Synchronisierung – besonders im 2. Und 3. Gang – defekt sein.
Hat der Schalthebel ungewöhnlich viel Spiel? Wenn ja, kann entweder die Schaltkulisse und / oder die Gummibuchsen der Schaltstangen ausgeschlagen sein.
Generell gilt: Die Vier- und Fünfganggetriebe des 230 GE, 250 GD und 290 GD sind robuster als das optional erhältliche Fünfganggetriebe des 300 GD und 280 GE des Zulieferers „Getrag".

Automatikgetriebe

Das Automatikgetriebe sollte weich und ruckfrei schalten.
Schaltet das Getriebe vor allem beim starken Beschleunigen zu weich („durchrutschen" der Gänge), sind die Bremsbänder verschlissen, was eine teure Reparatur bedeuten kann. Bevor man diese in Auftrag gibt, sollte die betreuende Werkstatt allerdings zunächst einen Getriebeölwechsel inklusive Austausch oder Reinigung der Filter vornehmen. Dieser vergleichsweise günstige und einfach zu bewerkstelligende Wartungsdienst kann Wunder wirken! Alle Automatikgetriebe, die bis zum Modelljahr 1991 (Baudatum bis September 1990) im Mercedes G verbaut wurden, verfügen über eine Sekundärpumpe, sind also anschleppfähig.

Achsen

Die Achsen sind von der Transporterachse abgeleitet und relativ robust. Allerdings können sie sich durch extreme Sprünge im Gelände oder starker Überladung auf der Piste verbiegen.

Die Achsen des G sind pure Nutzfahrzeugtechnik – oft sind LKW-Werkstätten kompetentere Ansprechpartner als so manche freie PKW-Werkstatt.

Vorderachse

Je nach Einsatz kann die Vorderachse schon nach 100.000 km eine gründliche Überholung nötig haben. Ein Schwachpunkt ist unter anderem das innere Radlager. Auch wenn es häufig defekt ist, macht es sich nur selten durch übermäßiges Spiel oder Geräusche bemerkbar. Die Quittung folgt allerdings, wenn ein Austausch unterbleibt – dadurch kann das Achsschenkelgehäuse oder die Nabe beschädigt werden.
Desweiteren können die Achsschenkellager, die Manschette des Gleichlaufgelenks („Homogenetisches Gelenk") oder das Gleichlaufgelenk selbst Defekte aufweisen. Starker Fettaustritt an der Halbkugel des Achsschenkels deutet auf defekte Achsschenkellager hin. Wichtig: Die Kugeln müssen etwas feucht sein! Dann ist in der Regel alles in Ordnung.
Um den Zustand der Gleichlaufgelenke zu überprüfen, sollte man mit zugeschaltetem Allradantrieb abwechselnd Links- und Rechtskurven fahren. Ist dabei ein Klackern zu vernehmen, sind die Gleichlaufgelenke defekt. Diese können sich aber auch geräuschlos „verab-

schieden", etwa wenn ihre Gummimanschetten über einen längeren Zeitraum rissig waren und Staub oder Schmutz eingedrungen ist. Den nächsten Geländeeinsatz überleben sie dann in der Regel nicht.
Überprüfen Sie unbedingt auch die Sperren auf Funktion. Wurden sie lange nicht benutzt, können sie klemmen, was eine kostspielige Reparatur nach sich ziehen kann. Für die Instandsetzung muss die komplette Achse zerlegt werden. Widmen Sie dieser Baugruppe unbedingt die notwendige Aufmerksamkeit, eine Vorderachsreparatur kann durchaus bis zu 1500 € kosten!

Hinterachse
Die Hinterachse gilt als weitgehend problemlose Baugruppe. Man sollte sie dennoch auf Ölaustritte kontrollieren und auch das Radlagerspiel überprüfen.
Vibrationen im Antriebsstrang:
Viele G leiden unter Vibrationen im Antriebsstrang. Die Ursachen sind entweder defekte Gummilager der Verteilergetriebeaufhängung, defekte Kreuzgelenke der Kardanwellen oder aber Veränderungen am Fahrwerk. Mitunter treten diese gleichzeitig auf. Besonders die Kardanwellen sollte man sehr sorgsam in Augenschein nehmen, denn die Kreuzgelenke sind eingepresst und können nicht gewechselt werden. Eine neue Kardanwelle kostet 700 € bis 950 €. Alternative: die Überholung der Welle beim Gelenkwellenbauer, diese kostet im Normalfall nicht über 400 €.

Wagenboden
Beim Blick unter den Wagen die Dichtheit der Aggregate (Motor, beide Getriebe und Achsen) prüfen, sowie den Unterfahrschutz und den Rahmen nach Schleifspuren durch Geländeeinsatz absuchen. Ist die Vorderachse noch gerade?

Papiere
Hat der Wagen noch ein Scheckheft und finden sich hier auch die entsprechenden Stempel, die über regelmäßige Wartungsarbeiten Auskunft geben? Ist die TÜV-Plakette aktuell? Ist der originale Brief noch vorhanden? Gibt es Rechnungen und/oder ältere HU-Berichte, die Aufschluss über den tatsächlichen Kilometerstand geben? Hat der Wagen in letzter Zeit häufig den Besitzer gewechselt? Das könnte Gründe gehabt haben.
Stimmt die Fahrgestellnummer mit den Papieren überein? Liegt (bei Fahrzeugen ab 30 Jahren) bereits eine H-Zulassung vor?
Tipp: Falls Sie sich bezüglich der Fahrzeughistorie unsicher sind, können Sie bei Mercedes-Benz den letzten Werkstattbesuch inklusive Kilometerstand erfragen. Dazu benötigen Sie lediglich die Fahrgestellnummer. Aber: Die entsprechenden Wartungsarbeiten müssen bei Mercedes-Benz durchgeführt worden sein! Nur dann wurden sie zentral erfasst.

Fragen Sie den Verkäufer!
Nach einem eventuellen Unfallschaden, nach der tatsächlichen Laufleistung (der Tacho des W 460 ist nur fünfstellig) und ob er häufig im Gelände unterwegs war. Aber auch, ob der Wagen in der Garage oder draußen geparkt wurde und nicht zuletzt warum er ihn überhaupt verkaufen will. Auf diese Fragen sollte er nachvollziehbare Antworten liefern können.

Entscheidung
Lassen sich eventuell gefundene Mängel für die Preisverhandlung nutzen?
Gefällt das Auto? (Farbe/Ausstattung)
Passen die notwendigen Reparaturen in Ihr Budget?
Können Sie das Fahrzeug zu Hause oder in der Nähe trocken abstellen?

8 Die wichtigsten Problemzonen

Das Mercedes/Puch G-Modell ist sehr robust. Dennoch sind auch aufgrund des Alters früher Fahrzeuge einige Schwachstellen zu finden.

Service-Historie

Mercedes/Puch G-Modelle werden häufig zu geradezu utopischen Preisen angeboten. Frei nach der Devise: „Was gut ist, ist teuer und auch Schrott wird nicht verschenkt." Eine gesunde Skepsis hat dabei noch keinem Käufer geschadet!
Wenn der Wagen auf Sie grundsätzlich einen guten Eindruck macht, überprüfen Sie – soweit möglich – seine Wartungshistorie. Ist das Scheckheft noch vorhanden? Reichen die Eintragungen bis in die Gegenwart? Existieren aussagekräftige Rechnungen und/oder Hauptuntersuchungs-Berichte? Ist der Ölstand korrekt und ist das Öl sauber?

Gute Wartung zahlt sich in jedem Fall aus: Eine klar nachvollziehbare Service-Historie ist ein eindeutiger Pluspunkt für das angebotene Fahrzeug und den Verkäufer. Kontrollieren Sie die vorhandenen Belege und vergleichen Sie die darin zu findenden Angaben mit der angeblichen Laufleistung.

Original und vollständig?

Ist der Wagen modifiziert worden? Achten Sie besonders auf Räder und Reifen, Änderungen am Fahrwerk (Federn und Dämpfer) sowie auf Karosserieabstandshalter (Bodylift). Sind Teile beschädigt oder fehlen sie? Fahrzeuge im Originalzustand liegen im Wert deutlich höher.
Bei Restaurierungen oder Reparaturen: Wurden diese sachgerecht ausgeführt? Hinweis: Wenn die Falten an den Übergängen der Bleche an der Karosse einfach überspachtelt wurden, ist das ein Alarmsignal! Sind Reparaturen sorgfältig und sauber ausgeführt worden? Falls der Innenraum überarbeitet wurde: sind originale Materialien verwendet worden?

Wie fährt er sich?

Eine Probefahrt kann sehr aufschlussreich sein. Deshalb sollte sie lang genug sein um den Motor auf Betriebstemperatur zu bringen. Ein Teilstück sollten Sie mit wenigstens 100 km/h fahren, da viele Vibrationen – die auf Schäden der Bereifung oder des Fahrwerks hindeuten können – erst bei höheren Geschwindigkeiten auftreten. Nutzen Sie Steigungen, um die Handbremse zu testen. Die Kupplung (bei den Schaltgetrieben) sollte in der Mitte des Pedalwegs „kommen", rückt sie deutlich früher ein, ist sie in der Regel verschlissen. Achten sie bei Automatikfahrzeugen darauf, ob die Automatik ruckfrei und weich schaltet und dass sie nicht „durchrutscht".
Zudem sollten unbedingt die Differenzialsperren überprüft werden. Schalten Sie diese zu und fahren Sie bewusst Schlangenlinien, nun sollten die entsprechenden Kontrollleuchten im Cockpit aufleuchten. Bei zugeschaltetem Allradantrieb sollten bei enger Kurvenfahrt keine Knackgeräusche auftreten. Diese finden ihre Ursache meist in defekten Antriebsgelenken der vorderen Achswellen. Eine Instandsetzung verschlingt in jedem Fall einen vierstelligen Eurobetrag! Drehen Sie den Motor in den Gängen aus und testen Sie die Bremsen. Zieht der Wagen beim Bremsen stark zu einer Seite? Probieren Sie, ob Heizung und Lüftung funktionieren. Achten sie am Ende der Probefahrt darauf, ob sich die Wassertemperatur noch im grünen Bereich befindet. Qualmt der Wagen auffallend stark aus dem Auspuff?

Oben links: Wer einen W 460 „Planwagen" besitzt darf sich nicht von Windgeräusche nerven lassen, die bei dieser Modellvariante ab 100 km/h verstärkt auftreten.
Oben rechts: Bei winterlichen Verhältnissen kann der W 460 seine Vorzüge gut in Szene setzen. Aber Vorsicht: Er hat kein ABS an Bord!
Unten rechts: Für härteren Geländeeinsatz lassen sich 33-Zoll-Räder beim G-Modell problemlos verwenden; erst ab 35-Zoll-Ausführungen sind Umbauten erforderlich.

9 Realistische Bewertung

Vergeben Sie in den entsprechenden Kategorien je nach Zustand die entsprechende Punktzahl (1–4), während Sie den Wagen untersuchen. Dabei bedeutet:
++(4 Punkte) perfekter Zustand
+ (3 Punkte) nahezu perfekter Zustand
o (2 Punkte) restaurierungs- bzw. reparaturbedürftiger Zustand
– (1 Punkt) schwere Mängel

Die Auswertung der Gesamtpunktzahl wird am Ende des Kapitels erklärt. Seien Sie bei der Beurteilung realistisch!
Wenn möglich, benutzen Sie einen Magneten, um Spachtelmasse zu entlarven. Die Abfolge der Inspektion ist zeitsparend angelegt. Zuerst die Prüfung von Außen, gefolgt vom Innenraum, dann der Motorraum und die Unterseite des Fahrzeugs, abschließend die Probefahrt und nachfolgende Inspektion. Wenn die Besichtigung in einer Werkstatt stattfindet, fragen Sie, ob Sie die vorhandene Bühne oder Grube benutzen dürfen, um das Fahrzeug von unten zu inspizieren.

Die weißen Blinker an diesem W 460 gab es ab Werk nur beim W 463, die „Maulstoßstange" aus dem original Zubehörprogramm hingegen ist ein gesuchtes Extra.

Außen

++	+	o	–
4	3	2	1

Lackierung

Handelt es sich noch um die erste Lackierung oder zumindest um den originalen Farbton? Ist die Lackierung einheitlich und sauber ausgeführt, oder sind Nasen, Wellen oder gar Beulen zu erkennen? Warum wurde lackiert? Achten Sie auf unterschiedliche Farbschattierungen – sie könnten auf einen Unfallschaden, auf falsche Vorbereitung des Untergrundes oder eine ungenaue Anmischung des Lacks hindeuten. Oft leidet die Lackierung bei Geländefahrten, was man an Kratzern, die etwa von Ästen verursacht werden, erkennen kann. Dabei können leichte Kratzer einfach wegpoliert werden. Ist die Lackschicht jedoch durchbrochen, hilft nur eine großflächige Neulackierung.

Oben: Der Frontscheibenrahmen ist stark korrosionsgefährdet und oftmals ist der Schaden allerdings nicht so offensichtlich erkennbar wie bei diesem Exemplar.
Rechts: Ein Schwachpunkt an jedem G sind die hier abgebildeten Heckbleche: Um die Rückleuchten bildet sich häufig Rost.

++ + o –

4 3 2 1

Karosseriebleche

Leichte Dellen und Beulen stellen bei einem Geländewagen naturgemäß eher einen geringen weil nur optischen Mangel dar, das Hauptproblem ist Korrosion. Die ersten W 460 haben an diversen Stellen erhebliche Rostprobleme, etwa im Bereich um die Heckleuchten und am Rahmen der Windschutzscheibe. Für die Motorhaube und die vorderen Kotflügel gibt es rostresistente Nachfertigungen aus GFK.

++ + o –

4 3 2 1

Türschweller

Die Schweller sind oft im Bereich der A-Säule durchgerostet. Eine Prüfung im Bereich der an den Schwellern verschraubten Kunststoffleiste sollte obligatorisch sein. Findet sich Rost an den Schwellern, deutet das auf weitere Korrosionsprobleme des betreffenden Fahrzeugs hin. An der Schwellerunterseite befindet sich eine Blechkante, die häufig durch unsachgemäßes Anheben in Werkstätten mit einer Zweisäulenhebebühne im vorderen Bereich eingedrückt ist. Sollte es hier noch keine „Druckstelle“ geben, ist das ein deutliches Plus.

Schwachstelle am Schweller: Oftmals finden sich Roststellen eine Handbreite hinter dem Scharnier der vorderen Türe.

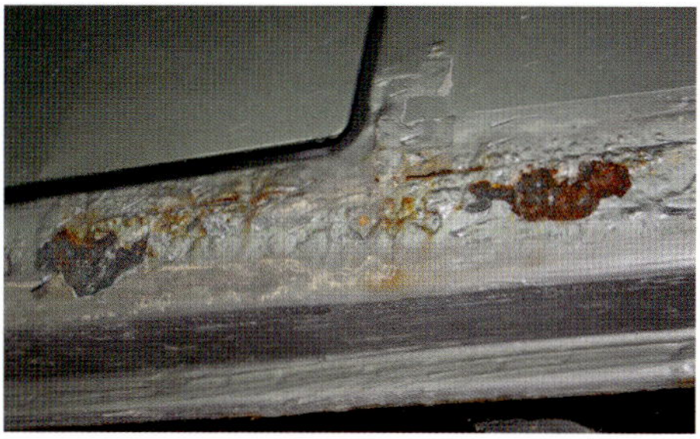

Auch unter den Gummileisten am Schweller kann sich Korrosion breitmachen.

Räder

++ + o –
4 3 2 1

Wenn an der Radnabe Öl oder Fett austritt, ist das ein Zeichen für einen Schaden in der Achse. Durch Rütteln am Rad kann man überprüfen, ob ein Radlager schadhaft ist. Das Fahrzeug sollte dazu sicher aufgebockt sein! Für den W 460/461 gab es ab Werk die originalen Stahlfelgen in der Größen 5,5J x 16 oder 6J x 16 (ab 1990) und Alufelgen in den Dimensionen 7J x 15 und 5,5J x 16. Zusätzlich gab es für die gepanzerte („Guard") Ausführung BBS Sonderräder in 5,5J x 16. Optional gab es auch Kreuzspeicheräder von BBS in 7 und 8J x15.

Reifen

++ + o –
4 3 2 1

Überprüfen Sie das Alter der Bereifung anhand der DOT-Nummer in der Reifenflanke. Älter als sieben Jahre sollten Pneus in der Regel nicht sein. Sind Alterungsrisse oder andere Beschädigungen erkennbar, sollten die Reifen umgehend erneuert werden! Planen Sie regelmäßige Geländeeinsätze, sollten Sie Reifen mit der Kennung „AT (All Terrain)" oder „MT (Mud Trac)" wählen.

Feder und Stoßdämpferaufnahmen

++ + o –
4 3 2 1

An den Feder- und Stoßdämpferaufnahmen findet sich häufig Rost. Vor allem die hinteren Stoßdämpferaufnahmen sind oft komplett durchgerostet, wofür es aber günstige Reparaturteile gibt.
Steht das Besichtigungsobjekt auf geradem Grund, sollte es auch gerade stehen. Hängt der Wagen beispielsweise an einer Seite herunter, ist das ein Indiz für verschlissene oder gebrochene Fahrwerksfedern. Vor allem die hinteren Federn sind häufig in den ersten beiden Windungen gebrochen. Achtung: Ein Federbruch ist TÜV-relevant! Ein Fahrzeug mit diesem Schaden gilt als nicht verkehrssicher und wird keine neue Plakette erhalten.

Türen

++ + o –
4 3 2 1

Auch an den Türscharnieren und an den unteren Türkanten findet sich oft Rost. Die Unterkante der Hecktür ist beim W 460 schon fast obligatorisch unterrostet. Ein Auto das hier keinen Rost hat, ist entweder frisch repariert oder extrem gut gepflegt, in jedem Fall aber sehr selten. Die Türen sollten sich ohne großen Kraftaufwand öffnen und schließen lassen. Sind sie schwergängig, hat der Vorbesitzer an der Pflege gespart.

Bis 1981 wurden werksseitig nur Stahlfelgen der Größe 5,5J x 16 – in Silber oder in Wagenfarbe lackiert – angeboten.

Mit 30 mm Spurverbreiterung können die 5,5-Zoll-Stahlräder auch mit der optional erhältlichen Kotflügelverbreiterung gefahren werden.

Die 7J x 15 Alufelgen waren ab 1982 ausschließlich für Fahrzeuge mit Kotflügelverbreiterungen bestellbar.

Am robusten Rahmen des G-Modell nistet sich der Rost zuerst an der hinteren Stoßdämpferaufnahme und an der hinteren Federkonsole ein.

Gründlich prüfen: Beim W 460 ist die Unterkante der Hecktür in den wenigsten Fällen rostfrei.

Auch das Blech um die Türgriffe ist stark korrosionsgefährdet.

Dichtungen

++ + o –
4 3 2 1

Tür- und Fensterdichtungen lassen sich leicht auf ihren Zustand untersuchen und ebenso leicht austauschen. Die Türdichtungen haben oft Beschädigungen vom Ein- und Aussteigen. Sie sind sehr teuer und daher immer ein gutes Argument für die Preisverhandlungen.

Spaltmaße

++ + o –
4 3 2 1

Alle Karosseriespaltmaße sollten beim G einheitlich und gleichmäßig sein. Gibt es eine Unregelmäßigkeit, ist das ein Hinweis auf eine schlecht ausgeführte Reparatur. Auch den Abstand der vorderen Stoßstange zur Karrosserie auf beiden Seiten des Fahrzeugs kontrollieren. Ist er unterschiedlich, deutet das auf einen unsachgemäß reparierten Unfallschaden hin.

Fahrzeuge mit geteilten Hecktüren sind gesuchte Raritäten. Wie auch bei Motorhaube und vorderen Türen genau die Spaltmaße prüfen: Unregelmäßigkeiten deuten auf mögliche Unfallschäden hin.

Stoffverdeck (nur Cabrio)

++ + o –
4 3 2 1

Den W 460 gab es als einfachen Planwagen mit Plane und Spriegel und ab 1985 auch als Cabrio. Das Cabrio verfügt über ein variables und ohne Einschränkungen allwettertaugliches Klappverdeck aus hochwertigem Verdeckstoff des renommierten Zulieferers „Sonnenland“. Das Stoffverdeck sollte dicht und ohne Risse sein, das gilt auch für die Fenster. Ein Austausch geht ins Geld.

Hardtop (optional, nur Cabrio)

++ + o –
4 3 2 1

Dabei handelt es sich meistens um eine aufwändige GFK-Konstruktion der Firma „Schmude“ aus Paderborn. Soll der offene G auch im Winter eingesetzt werden, ist das Hardtop eine sehr sinnvolle Ausstattung. Leichte Schäden am Hardtop können durch eine Fachwerkstatt mit GFK repariert werden. Überprüfen Sie beim aufgesetzten Hardtop auch, ob der Heckwischer und die Heckscheibenheizung funktionieren.

Glas

++ + o –
4 3 2 1

Die Scheiben des Mercedes G sind als Ersatzteile vergleichsweise günstig. Trotzdem lohnt es sich, diese auf Beschädigungen und matte Stellen zu untersuchen. Die Windschutzscheibe zieht an den unteren Ecken häufig Wasser und wird dann milchig. Auch dies kann TÜV-relevant werden, Prüfer sehen Milchränder nicht sehr gerne.

Licht

++ + o –
4 3 2 1

Die Streuscheiben der Heckleuchten weisen oft Risse auf, auch an den Blinkern vorn und an der Seite, sowie an den Hauptscheinwerfern treten nicht selten Undichtigkeiten auf. Verfügt das Fahrzeug über eine Scheinwerfer-Wisch/Wasch Anlage, ist auch diese auf Funktion zu überprüfen.

Achten Sie auf beschädigte Streuscheiben und erblindete Reflektoren sowie auf eingeschlossene Feuchtigkeit.

Innenraum

Zustand des Innenraums

++ + o –
4 3 2 1

Bereits beim Einsteigen verrät Ihnen der Geruch im Innenraum, ob es sich lohnt, den Wagen weiter anzuschauen. Riecht es modrig, dann ist bereits Feuchtigkeit im Auto und es steht die Frage an, wo diese herkommt. Ein erster Blick verrät auch, ob Bodenbeläge und Sitze noch in einem gepflegten und schadfreien Zustand sind. Vorhandene Schonbezüge kurz „anlupfen“, Teppiche anheben.

Türverkleidungen

++ + o –
4 3 2 1

Sind die Türverkleidungen noch sauber und rundherum anliegend befestigt? Weisen sie Löcher von Lautsprechern auf? Sind die Türtaschen noch fest?

Wassereinbruch

++ + o –
4 3 2 1

Steht Wasser in der Ablage unter der Heizungsbedienung? Dann ist entweder der Heizungswärmetauscher undicht oder die Scheibenwischerböcke sind ausgeschlagen. Ist der Fußraum auf der Fahrer- und/oder Beifahrerseite feucht? Dann unbedingt unter der Fußmatte nachschauen, ob sich bereits Rost am Boden gebildet hat. Gern bilden sich erste Rostlöcher an den oberen Enden des Fußraums.

Windschutzscheibe

++ + o –
4 3 2 1

Bilden sich bereits Blasen am Scheibengummi, kann man davon ausgehen, dass der Windschutzscheibenrahmen nach innen undicht ist. Dauerhafte Abhilfe schafft nur der Ersatz des gesamten Rahmens, was aufwändig und damit sehr teuer ist.

Rechts oben: Bei vielen angebotenen G-Modellen sind die Fahrersitze verschlissen. Eine Reparatur beim Sattler ist schon ab 300 € möglich. Rechts: Selten zu finden: Unbeschädigte Türverkleidungen steigern den Fahrzeugwert.

Ausgeschlagene Scheibenwischerböcke sind oft der Grund für Wasser im Innenraum.

Korrosionsschäden am Frontscheibenrahmen werden leider häufig erst dann bemerkt, wenn die Scheibe gewechselt wird.

Heizung

++ + o –
4 3 2 1

Läuft das Gebläse in allen Stufen einwandfrei? Ist die Heizleistung ausreichend? Der Tausch des Gebläsemotors ist aufwändig.

Klimaanlage

++ + o –
4 3 2 1

Funktioniert die Klimaanlage? Ist die Kühlleistung ausreichend? Läuft der Kompressor geräuschlos? Riecht es bei eingeschalteter Klimatisierung muffig? Dann steht eine Reinigung mit Desinfektion und Neubefüllung an. Die Kosten sind überschaubar.

Armaturenbeleuchtung

++ + o –
4 3 2 1

Funktioniert die Beleuchtung der Instrumente und Schalter? Die Schalter sind erst ab 09/1984 beleuchtet, ist deren Beleuchtung defekt, muss der ganze Schalter getauscht werden. Das ist aber auch für Laien keine große Herausforderung. Meistens passen Schalter aus anderen zeitgenössischen Mercedes-Benz PKW-Baureihen, Ersatz gibt es günstig auf Schrottplätzen oder im Internet.

Tacho

++ + o –
4 3 2 1

Überprüfen Sie, ob der Kilometerstand mit den Angaben des Verkäufers übereinstimmt. Weist der Rand des Tachos Rost auf? Dann war der Innenraum des Fahrzeugs über längere Zeit Feuchtigkeit ausgesetzt. Vom Kauf eines solchen Autos sollten Sie Abstand nehmen.

Tankanzeige

++ + o –
4 3 2 1

Steigt die Nadel der Tankanzeige in Zündschlossstellung „Zündung an" nach oben? Leuchtet die Warnlampe der Tankreserve?

Sitze

++ + o –
4 3 2 1

Sollten die Originalsitze nicht mehr ansehnlich oder gar bereits durchgesessen sein, stellt dies kein großes Problem dar, wenn der angegebene Kilometerstand zu deren Zustand passt. Erfreulicherweise ist der Stoff der Innenausstattung des aktuellen G Professional der gleiche wie bei den W 460/461 ab Baujahr 1986. So kann ein historisch korrektes Ambiente auch mit nachgerüsteten „Recaro"-Sitzen aus den 1980er Jahren geschaffen werden, die als qualitativ hervorragend gelten. Derlei Gestühl findet sich unter anderem beim Schrotthändler etwa in zeitgenössischen BMW der Dreierreihe, VW Golf GTI und diversen Sportmodellen von Opel. Zudem sind viele passende, neuwertige Originalsitze aus den aktuellen G-Professional-Modellen auf dem Gebrauchtmarkt erhältlich.

++ + o –

Pedale, Lenkrad, Schalthebel

4 3 2 1

Der Verschleiß an den Bedienelementen verrät oft viel mehr über die reale Laufleistung als der nur fünfstellige Kilometerzähler. Im Neuzustand sind Lenkrad und Schalthebel noch „matt", ab ca. 80.000 km werden sie „glänzend" und ab 250.000 km wird der Kunststoff weich und kaugummiartig. Hat er sich gar komplett abgelöst und sind die Gangzahlen auf dem Schalthebel nicht mehr lesbar, hat der Wagen sicher um die 400.000 km abgespult.

Der Zustand von Lenkrad und Bedienelementen lässt Rückschlüsse auf die Laufleistung zu. Hier ein 240 GD der dänischen Armee ohne Servolenkung, erkennbar am größeren Lenkrad und der Voltanzeige anstelle des Drehzahlmessers.

++ + o –

Radio

4 3 2 1

Handelt es sich noch um das zeitgenössische Originalradio von Becker, Grundig oder Blaupunkt? Falls es auch noch funktioniert, ist das ein Pluspunkt. Sind die zugehörigen Lautsprecher fachgerecht eingebaut oder wurden dafür Verkleidungen zerschnitten?

++ + o –

Reserverad und Bordwerkzeug

4 3 2 1

Schauen Sie nach, ob sich das originale – komplette! – Bordwerkzeug im Fahrzeug befindet, ob das Reserverad am Fahrzeug montiert ist und ob es zur Bereifung des Fahrzeugs passt.

Abnutzungsspuren an den Pedalgummis sagen oft mehr über die Laufleistung aus als der nur fünfstellige Kilometerzähler.

++ + o –

Serviceheft/ Betriebsanleitung

4 3 2 1

Das Serviceheft, sofern noch vorhanden, kann viel über das Vorleben des Fahrzeugs aussagen. Allerdings nur dann, wenn es regelmäßig (von Fachwerkstätten) abgezeichnet wurde. Ist die originale Betriebsanleitung noch vorhanden?

Motorraum

++ + o –

Kühlsystem

4 3 2 1

Der Zustand des Kühlsystems zeigt sich an den zugehörigen Schläuchen und am Kühler selbst. Die Schläuche sollten nicht porös und die Schlauchschellen noch rostfrei und gängig sein. Die Lamellen des Kühlers sollten unbeschädigt und möglichst sauber sein. Weißliche Spuren deuten auf Undichtigkeiten hin.

Radiogeräte aus dem Zubehör sind beliebte Nachrüstteile; ein originales, funktionstüchtiges Becker-Radio ist allerdings die bessere Option.

++ + o –

Motor und Nebenaggregate

4 3 2 1

Die Motorenpalette des W 460 entstammt den zeitgenössischen Mercedes-Benz PKW-Baureihen. Sie sind leicht nach hinten und zur rechten Seite geneigt eingebaut. Interessant sind Motorumbauten, besonders wenn die 231 bis 300 PS starken V8-Triebwerke vom Typ M 117 mit 5,0 beziehungsweise 5,6 Litern Hubraum (aus der „S-Klasse" W 126) oder aber der Fünfzylinder-Turbodiesel OM 617A mit drei Litern Hubraum und 125 PS montiert wurden. Diese historisch passenden Aggregate lassen sich von fachkundiger Hand problemlos einsetzen und harmonieren ausgezeichnet mit frühen Mercedes G.

Ein zeitgenössischer OM 617 A (300 Turbodiesel wie hier im Bild) ist eine historisch korrekte Turbodieselnachrüstung für einen W 460.

Die Zeiten, in denen man die besagten Motoren und Getriebe ohne Zusatzarbeiten „einfach" tauschen konnte, sind indes vorbei. Die Aggregate haben in der Regel so viele Kilometer gelaufen, das sich vor einer Transplantation eine grundlegende Überholung empfiehlt.

++	+	o	–
4	3	2	1

Batterie

Achten Sie auf das Herstelldatum der Bordbatterie und auf den Zustand der Anschlusspole. Der so genannte Batteriekasten unter der Batterie ist ein Platz mit Rostrisiko. Bewerten Sie die Leistungsfähigkeit der Batterie beim Starten und den Zustand des Einbauraums.

++	+	o	–
4	3	2	1

Kabelbaum

Der Kabelbaum sollte original und unbeschädigt sein. Kabel für Zubehör (Seilwinde, Zusatzscheinwerfer u.a.) sollten ebenso professionell und sauber verlegt sein wie die Originalkabel.

++	+	o	–
4	3	2	1

Bremskraftverstärker/Hauptbremszylinder

Die alten Bremskraftverstärker (silber) sind erheblich schwächer als die neueren, ab 1984 verbauten schwarzen Ausführungen, die zudem an ihrer etwas größeren Bauform zu erkennen sind. Der Hauptbremszylinder sollte unbedingt dicht sein (auf verräterische Spuren von ausgelaufener Bremsflüssigkeit achten). Auf jeden Fall den Flüssigkeitsstands im Ausgleichsbehälter prüfen. Gibt es keine zuverlässige Angabe zum Alter der Bremsflüssigkeit, sollte diese umgehend gewechselt werden!

++	+	o	–
4	3	2	1

Kraftstoffsystem/Zündung

Der Zustand des Zündsystems beeinflusst den Motorlauf erheblich. Die Zündkabel sollten frei von Marderbissen und nicht porös sein. Die Stecker sollten fest auf den Verbindungen sitzen. Im 280 GE wurde die K-Jetronic von Bosch verbaut. Diese Einspritzanlage hat sich als äußerst zuverlässig und langlebig erwiesen, wenngleich sie keine langen Standzeiten mag. Die Ursachen für schlechtes Startverhalten und Probleme während der Fahrt liegen meistens im Bereich der Hochspannungskabel, der Verteilerkappe oder Zündgeber. Ein Detail wird bei

Servicearbeiten gern mal übersehen: der Austausch des Hauptbenzinfilters neben der Benzinpumpe am Benzintank. Der Zustand der Benzinleitungen sollte ebenfalls überprüft werden.

Der Stromberg-Vergaser des 230 G läuft in der Regel zuverlässig, erforderliche Einstellarbeiten sollten aber nur von fachkundiger Hand vorgenommen werden.

Beim 230 GE ist bereits die Bosch KE-Jetronic verbaut. Sie ist wartungsärmer als die rein mechanische K-Jetronic.

++	+	o	–
4	3	2	1

Dieselsystem

Die Dieseleinspritzpumpen im W 460/461 versehen ihren Dienst zuverlässig. Trotzdem lohnt immer ein Blick, ob sie trocken und dicht sind.

Häufige Defektursache am 280 GE: Die Benzinpumpe (oben) ist relativ ungeschützt hinten rechts am Rahmen verbaut, darunter sitzt der Benzinfilter.

Fahrzeugunterseite

++	+	o	–
4	3	2	1

Fahrwerk / Federn / Stoßdämpfer

Die Gummibuchsen der Längslenker müssen ca. alle 200.000 km ersetzt werden, weil sie dann in der Regel rissig geworden sind. Auch die Köpfe der Spur- und der Lenkschubstange sind oft ausgeschlagen. Die hinteren Federn neigen zu Ermüdungsbrüchen an den beiden unteren Windungen. Schauen Sie, ob die Stoßdämpfer trocken sind.

Kostspieliges Projekt: Die Rahmenbauweise des G erlaubt eine so genannte „Frame-off-Restaurierung" wie bei dem hier gezeigten 280 GE. Das Ergebnis ist ein fast neues Fahrzeug.

Rahmen

++ + o –
4 3 2 1

Untersuchen Sie den Rahmen auf Beschädigungen durch Geländebetrieb und Rost. Korrosionsschäden treten meistens an den hinteren Rahmenrohren auf.

Ein verkratzter und verbeulter Unterfahrschutz deutet auf intensive Geländefahrten hin.

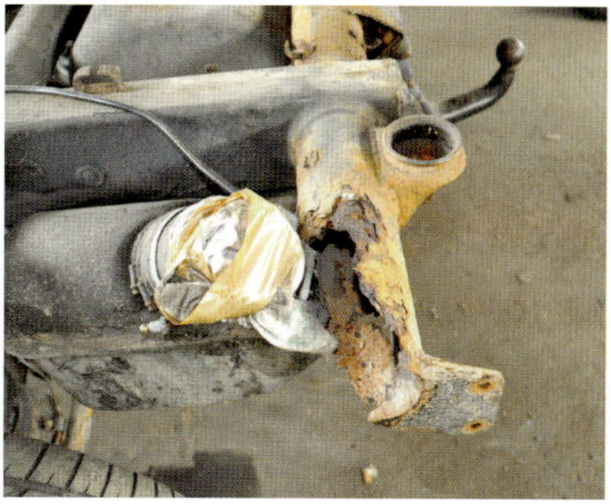

Ein so extrem verrosteter Rahmen entlarvt die schlechte Pflege des Vorbesitzers.

Vorderachse

++ + o –
4 3 2 1

Neben der Dichtheit sollte hier vor allem der Zustand der Gummis von Lenkschubstange, Panhardstab, Stabilisator, Spurstange und Längslenkerbuchsen geprüft werden. Sind diese rissig oder ausgeschlagen, müssen sie ausgetauscht werden. Es lohnt auch ein genauer Blick auf den Panhardstab, der sich bei extremen Geländefahrten verbiegen kann. Daraufhin sollte die gesamte Achse untersucht werden. „Flugversuche" im Gelände können sie durchgebogen haben.

Hinterachse

++ + o –
4 3 2 1

Auch hier sollte neben der Dichtheit ein Blick den Gummilagern gelten. Der Zustand der Handbremsseile sollte in Augenschein genommen werden. Ist der Bremslastverteiler rostfrei?

Ölundichtigkeiten

++ + o –
4 3 2 1

Treten beim Mercedes G im Vergleich etwa zu englischen Geländewagen relativ selten auf. In Ausnahmefällen ist es sogar möglich, einen 35 Jahre alten W 460 absolut dicht vorzufinden. In der Regel „schwitzen" Verteilergetriebe und Achsen schon mal leicht. Ist die Fahrzeugunterseite aber großflächig „tropfnass", besteht allerdings Handlungsbedarf.

Lenkung

++ + o –
4 3 2 1

Die Servolenkung kann im Bereich der angeschraubten Hydraulikleitungen Undichtigkeiten aufweisen. Von unten lässt sich leicht erkennen, ob die Lenkung dicht ist. Außerdem lohnt die Überprüfung des Lenkungsdämpfers und der Lenkschubstangenköpfe.

Getriebe / Verteilergetriebe

++ + o –
4 3 2 1

Beim Verteilergetriebe sollte eine Prüfung der Gummilager vorgenommen werden. Diese sind mitunter ausgeschlagen. Versuchen Sie das Verteilergetriebe zu bewegen. Schlägt es am Rahmen an, sind die Gummilager hinüber. Ist die Getriebetraverse beschädigt oder verkratzt, weist dies auf extremen Geländeeinsatz hin.

Schlecht geschmierte Kardanwellengelenke und Unwuchten können im Fahrbetrieb zu starken Vibrationen führen.

++ + o –
4 3 2 1

Kardanwellen

Die drei Kardanwellen sollten maximal „zwei Finger" Spiel haben, wenn sie von Hand gedreht werden. Weisen sie deutlich höheres Spiel auf, ist Verschleiß in den Differenzialen oder im Verteilergetriebe die Ursache.

++ + o –
4 3 2 1

Auspuffanlage

Ist der Auspuff dicht und rostfrei? Die originalen Auspuffanlagen von Mercedes-Benz sind extrem teuer. Günstigerer – und nicht unbedingt minderwertigerer – Ersatz findet sich aber im freien Zubehör. Wenn die Auspuffanlage durch ein Edelstahlexemplar ersetzt wurde ist das vorteilhaft.

++ + o –
4 3 2 1

Tank

Auch der Tank, sofern er noch aus Metall ist, sollte genau unter die Lupe genommen werden. Hier kann sich Rost gebildet haben, etwa wenn das Fahrzeug über lange Zeit mit leerem Tank gestanden hat.

Auch der Tank kann von Rost befallen sein: Eine Inspektion der Unterseite und Haltebänder ist unverzichtbar!

Fahrgestellnummer

++ + o –
4 3 2 1

Überprüfen Sie ob die Fahrgestellnummer auf dem Rahmen vorne rechts im Radkasten mit der Nummer im Brief übereinstimmt.

Probefahrt

++ + o –
4 3 2 1

Wenn das Fahrzeug versichert und angemeldet ist, sollten Sie sich für eine Probefahrt etwa eine halbe Stunde Zeit nehmen. Nur so lassen sich wichtige mechanische und elektrische Funktionen zuverlässig prüfen.

Anlassen des Motors / Kaltstart

++ + o –
4 3 2 1

Prüfen sie vor dem Start, ob der Motor eventuell noch warm ist. Dann ist ein Kaltstarttest nicht möglich. Der Motor sollte auf Anhieb anspringen und eine Leerlaufdrehzahl von 750/min stabil halten, sobald er seine Betriebstemperatur erreicht hat.
Beim Dieselmotor sollte die Vorglühleuchte spätestens nach ca. 5-8 Sekunden erlöschen. Die Benziner haben einen Kaltstartmodus, in dem sie anfangs höher drehen. Die Diesel (W 460) haben zu diesem Zweck ein Handrad im Cockpit, um das Standgas manuell zu erhöhen. Schauen Sie, ob das Fahrzeug beim Kaltstart übermäßig aus dem Auspuff qualmt.

Motorgeräusch

++ + o –
4 3 2 1

Der Reihensechszylinder (M 110) des 280 GE hat ein kerniges Geräusch und man hört die Steuerketten deutlich. Die Dieselmotoren (OM 616 und OM 617) im 240 GD bzw. 300 GD „nageln" wie ein Maschinengewehr. Die Diesel der 2. Generation (OM 602 / 602DELA) laufen kultivierter. Der Vierzylinder des 230 GE sollte ruhig und kultiviert laufen. Wenn er „tickert", sind die Hydrostößel verschlissen. Der 230 G Vergasermotor neigt im Schubbetrieb ebenfalls zu kernigen Geräuschen.

Tacho

++ + o –
4 3 2 1

Eine häufige Krankheit beim W 460 sind „springende" Tachos. Mitunter bewegt sich die Nadel nur ruckartig bis zur nächsten Markierung. Solange der Tacho dennoch verlässlich arbeitet, muss man sich darüber keine großen Gedanken machen.

Kombiinstrument

++ + o –
4 3 2 1

Es ist darauf zu achten, das die Ladekontroll- und die Öldruckleuchte, sowie die Vorglühanzeige beim Diesel, aufleuchten, sobald der Zündschlüssel in Stellung „Zündung an" gedreht wird. Leuchtet die Kraftstoffreservelampe während der Fahrt, obwohl die Tankanzeige noch nicht auf Reserve steht, ist der Tankgeber defekt.

Funktionstest: Testen Sie alle Warn- und Kontrollleuchten und überprüfen Sie, ob alle Anzeigen – auch nachgerüstete Zusatzinstrumente – einwandfrei arbeiten.

Wassertemperatur

++ + o –
4 3 2 1

Bringen Sie den Wagen auf Betriebstemperatur, nach etwa zehn Minuten Fahrt sollte der Wassertemperaturanzeiger im ersten Viertel stehen. Wenn er sich während der Probefahrt in den roten Bereich bewegt, ist das Kühlsystem zu überprüfen.

Extras

++ + o –
4 3 2 1

Probieren Sie alle Extras (elektrische Fensterheber, Klimaanlage, Standheizung, Sitzheizung u.a.) aus.

Achten Sie auf Verschleiß an der Bremsanlage: Zu stark korrodierte oder verschlissene Bremsscheiben müssen zusammen mit den Bremsklötzen erneuert werden. Passende Ersatzteile werden preisgünstig angeboten.

Zustand Bremssystem

++ + o –

4 3 2 1

Die Bremsen an einem Mercedes G müssen kraftvoll zupacken und das Bremspedal sollte sich „hart anfühlen". Der Pedalweg darf höchstens die Hälfte des maximal Möglichen betragen bis die Bremse greift. Bei der Testfahrt sollte der Wagen beim Bremsen die Spur halten, einseitige Verzögerung deutet auf ein Problem hin. Einige 290 GD Turbo sind mit ABS ausgerüstet, bei diesen Fahrzeugen sollte man die ABS-Warnlampe überprüfen und – wenn möglich – auch einen Funktionstest machen: Pulsiert das Pedal bei starker Bremsung nicht und blockieren die Räder, ist das Antiblockiersystem ausgefallen.

Das gesamte Bremssystem sollte trocken und dicht sein. Ein undichter Radbremszylinder an der Hinterachse ist nicht teuer und schnell gewechselt. Undichte Bremsleitungen hingegen müssen aufwändig getauscht werden.

Kupplung / Manuelles Getriebe

++ + o –

4 3 2 1

Bei einem manuell geschalteten G sollte sich die Kupplung leicht und ohne Vibrationen bedienen lassen.

Gangwechsel sollten relativ präzise und ohne Spiel erfolgen und die Synchronisation sollte fehlerfrei – ohne fühl- und hörbares „Kratzen" – funktionieren. Beim 280 GE oder 300 GD mit optionalem Fünfganggetriebe im 5. Gang vom Gas gehen und das Getriebe im „Schubbetrieb" prüfen. Springt der Gang heraus, steht eine Überholung oder Reparatur des Getriebes an.

Automatikgetriebe (optional erhältlich, Serie beim 290 GD Turbo)

++ + o –

4 3 2 1

Sobald die Schaltung in Stellung „D" steht, sollte sich der Wagen langsam vorwärts bewegen („kriechen"), solange die Bremse nicht betätigt wird. Manuelle Gangwechsel sollten prompt erfolgen und zusätzliche Bremskraft bei Bergabfahrt ermöglichen.

Das Automatikgetriebe muss weich und ruckfrei schalten. Schaltet das Getriebe beim starken Beschleunigen zu weich, bzw. hat man das Gefühl der Gang „rutscht" durch, sind die Bremsbänder verschlissen. Bevor man allerdings eine teure Reparatur in Auftrag gibt, ist es ratsam, einen Getriebeölwechsel inklusive neuer Filtersiebe durchführen zu lassen. Mitunter sind danach alle Probleme beseitigt. Alle Automatikgetriebe die bis zum Modelljahr 1991 (Baudatum bis September 1990) im G-Modell verbaut wurden, verfügen über eine Sekundärpumpe und sind damit anschleppfähig. Das Automatikgetriebe sollte sich auch im ersten Gang sperren lassen. Ist die erste Fahrstufe eingelegt, sollte es nicht hochschalten.

Ein Automatikgetriebe ist vor allem beim Sechszylinder-Benziner oder beim Fünfzylinder-Turbodiesel gern gesehen. Wenn einer oder gar beide der Zughebel für die Differenzialsperren (aufgrund fehlender Sperren) fehlen, wirkt sich das wertmindernd auf den Verkaufspreis aus.

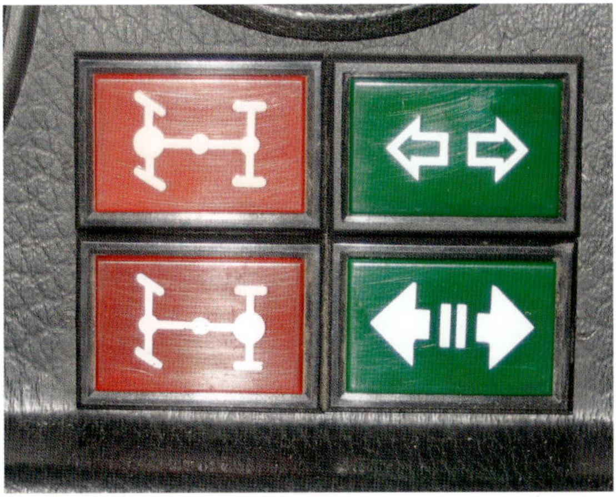

Der Differenzialsperrentest ist Pflichtprogramm bei der Probefahrt: Die roten Differenzial-Kontrollleuchten zeigen an, wenn die Sperren eingerückt sind.

++	+	o	–
4	3	2	1

Allradantrieb

Fahren Sie mit zugeschaltetem Allradantrieb einige enge Kurven in beide Richtungen. Ist dabei ein Klackern zu vernehmen, sind die Gleichlaufgelenke an der Vorderachse defekt. Testen Sie auch die Untersetzung und fahren Sie ein paar Meter damit. Zum Einlegen der Untersetzung die Kupplung ganz durchtreten oder bei der Automatik auf N schalten.

++	+	o	–
4	3	2	1

Differenzialsperren

Unbedingt auch die Sperren auf Funktion überprüfen. Wurden sie lange nicht benutzt, können sie klemmen. Zur Reparatur muss dann die ganze Achse zerlegt werden. Unmittelbar nach dem Einlegen der Sperre muss die Kontrollleuchte im Armaturenbrett aufleuchten. Mit der hinteren Sperre kann man vorsichtig und langsam (!) eine Kurve fahren. „Radiert" das kurveninnere Hinterrad, ist die Sperre intakt. Mit eingelegter vorderer Sperre fahren Sie ein kurzes Stück langsam (!) geradeaus. Schlagen Sie das Lenkrad leicht in eine Richtung ein. Wenn Sie einen deutlichen Widerstand im Volant verspüren, funktioniert die vordere Differenzialsperre.

++	+	o	–
4	3	2	1

Fahrgeräusche

Ein W 460 ist im Vergleich zu einem Mercedes-PKW und gerade im Vergleich zu moderneren Konstruktionen durchaus laut. Der Wagen sollte aber keinerlei auffällige Schleif- oder Mahlgeräusche verursachen. Diese sind immer Anlass zur Sorge.

++	+	o	–
4	3	2	1

Lenkgefühl

Ein gut gewarteter W 460/461 lässt sich leicht lenken, die Servolenkung gehörte bei allen Mercedes G (außer 230 G und 240 GD bis 1982) zur Serienausstattung. Bei alten Fahrzeugen mit hoher Laufleistung ist ein gewisses Lenkspiel zu erwarten. Das wird meistens durch verschlissene Lenkgetriebe verursacht und lässt sich auch mit der Erneuerung der Vorderachslager und des Lenkungsdämpfers nicht komplett kompensieren. Wer sich daran stört, muss ein neues Lenkgetriebe in Betracht ziehen, was mit rund 1000 € ins Kontor schlägt.

Handbremse

++ + o –

4 3 2 1

Die Handbremse sollte das schwere Fahrzeug vor allem an Steigungen auch ohne eingelegten Gang zuverlässig halten können. Lässt die Wirkung der Handbremse nach, lässt sie sich in gewissem Rahmen nachjustieren.

Fahrleistungen

++ + o –

4 3 2 1

Das größte Manko vor allem der frühen Dieselmotoren (240 GD und 300 GD) ist ihre recht überschaubare Leistungsabgabe. Dagegen „rennt" der 280 GE (Benziner) recht ordentlich. Unter den Selbstzündern gilt einzig der 290 GD Turbo als ansprechend durchzugsstark und flott.

So intensiv wie hier gezeigt muss der potenzielle Kaufkandidat auf der Probefahrt nicht getestet werden, aber eine Fahrt auf unbefestigtes Gelände für eine Funktionskontrolle des Allradantriebs und der Sperren sollte man schon unternehmen. Auf Asphalt der Verschleiß an Mechanik und Reifen deutlich größer.

Sitze

++ + o –

4 3 2 1

Sind im Fahrzeug keine Recaro-Sitze (optional) oder orthopädisch überzeugendere und komfortablere aus dem W 463 (Serie beim 290 GD Turbo) verbaut, sollten Sie sich fragen ob Sie auf einfachem „Transportergestühl" längere Strecken fahren möchten. Zudem sind die Fahrersitze oft verschlissen. Der Zubehörmarkt bietet brauchbare Alternativen von Recaro, Scheelmann oder König sogar mit passendem MB-Bezugsstoff.

Motorzustand

Schauen Sie sich den Motor nach der Probefahrt noch einmal an. Ist alles dicht? Ist noch ausreichend Kühlmittel vorhanden?

Prüfberichte Hauptuntersuchung

Lassen Sie sich alle verfügbaren TÜV/AU-Berichte zeigen. Das ist ein recht sicheres, wenn auch kein absolutes Indiz für die Laufleistung des Fahrzeugs. Zudem gibt der letzte TÜV-Bericht stets Auskunft über festgestellte Mängel und – bei einer möglicherweise erforderlichen Wiedervorführung – deren Beseitigung. Allerdings ist ein solches Dokument auch nicht mehr als eine Momentaufnahme. Nicht umsonst heißt es darin „zum Zeitpunkt der Prüfung". Ausschließlich darauf verlassen sollten Sie sich nie!

Auswertung

Addieren Sie nun alle Punke zusammen:

Über 200 Punkte (Cabrio 210 Punkte) = Exzellent
Bis 200 Punkte (Cabrio 210 Punkte) = Sehr gut
Bis 160 Punkte (Cabrio 164 Punkte) = Gut
Bis 120 Punkte (Cabrio 122 Punkte) = Durchschnitt
Bis 60 Punkte (Cabrio 62 Punkte) = Ungenügend

Jeder Wagen über 160/164 Punkte ist uneingeschränkt brauchbar.

Jeder G ist ein guter Kauf, wenn der Preis zum Zustand passt, egal welcher Motor unter der Haube ist. Beruhigend ist die Ersatzteilsituation, denn es gibt noch so gut wie alle Teile als Mercedes-Originalersatzteile beim Händler.
Motoren und Getriebe passen teilweise auch aus der Mercedes-PKW Baureihe W 123 und der Mercedes-Benz Transporterbaureihe 207D-210.

Wenn in eine Komplettrestauration des Fahrzeugs investiert wird, ergeben sich fast unendliche Möglichkeiten: Es stehen sechs verschiedene Achsübersetzungen zur Auswahl, ein Viergang-, drei Fünfgang- oder ein Viergangautomatikgetriebe. Vier Dieselmotoren von 72-120 PS, drei Benzinmotoren von 90-156 PS und zehn verschiedene Karosserievarianten. Auch die Auswahl historischer Extras ist riesig, ob Klimaanlage, Seilwinde, Recaro-Sitze, Alufelgen, Schlechtwegefahrwerk, Kotflügelverbreiterungen, Rammschutz, Sitz- oder Standheizung, alles ist möglich. Wenn man die erforderlichen Investitionen nicht scheut, versteht sich.
Der G kann so nicht nur zum treuen Begleiter für alle Fälle, sondern auch zur Geldanlage werden. Klar ist: Wer sein G-Modell oft und „artgerecht" benutzt, muss entsprechende Wartungskosten einkalkulieren. Gewerbliche Nutzer profitieren mittlerweile von speziellen Leasingangeboten für Oldtimer, was sich auch beim Mercedes G rechnen kann.

10 Auktionen – ein anderer Weg zum Traumwagen

Pro und Kontra

Pro: Die Preise sind im Allgemeinen niedriger als bei Händlern oder privaten Verkäufern und man kann möglicherweise ein echtes Schnäppchen machen. Professionelle Versteigerer haben zumeist alle Formalitäten mit dem Verkäufer erledigt.

Kontra: Man muss allein der Beschreibung im Katalog vertrauen. Die Möglichkeiten zur Überprüfung sind begrenzt und eine Probefahrt ist nicht möglich. Auktionsmodelle sind oft in einem unterdurchschnittlichen Zustand und verlangen nach zusätzlichen Reparaturen.

Welche Auktion?

Die Veranstaltungen der etablierten Auktionshäuser werden in Automobilmagazinen oder auf den Internetseiten der Unternehmen angekündigt. Der Katalog oder eine einfache Aufstellung der zum Aufruf kommenden Modelle ist erst kurz vor der Auktion erhältlich. Allerdings veröffentlichen die Unternehmen ihre Angebote auch schon früher auf ihren Internetseiten. Nehmen Sie Kontakt mit dem Auktionshaus auf, um die Ausrufpreise zu erfahren. Details der bereits gelaufenen Auktionen sind zumeist im Netz zu erfahren und ein guter Indikator.

Katalog, Eintrittsgelder und Zahlungsmodalitäten

Der Katalog fungiert oftmals auch als Eintrittskarte für zwei Personen während der Besichtigungstage und für die Auktion selbst. Die Angaben in den Katalogen sind zumeist kurz und knapp, enthalten aber in der Regel Angaben über die Zahl der Besitzer, den Kilometerstand und die Wartungsgeschichte des Wagens. Der angegebene Ausrufpreis gibt eine erste Andeutung, in welchen Kategorien man sich bewegt, und gleichzeitig werden im Katalog auch die verschiedenen Zahlungsformen sowie das verlangte Aufgeld angegeben. Zumeist verlangt der Auktionator Barzahlung, es sind aber auch andere Modalitäten wie Zahlung mit Kreditkarte oder mittels eines von der Bank bestätigten Schecks möglich. Kein Fahrzeug wird herausgegeben, bevor nicht alle Zahlungsmodalitäten geklärt sind. Bei Verzögerungen kann der Auktionator Lagergebühren verlangen.

Aufgeld

Bei der Kalkulation darf man unter keinen Umständen das Aufgeld vergessen. Daneben können noch andere Steuern fällig werden.

Besichtigung

Bei den meisten Auktionen ist vorab eine Besichtigung der Wagen möglich. Hilfskräfte des Auktionators sind dabei durchaus bereit, die Motor- oder Kofferraumhaube zu öffnen und sie werden es auch zulassen, dass man den Innenraum besichtigt. Der Motor kann zwar gestartet werden, eine Probefahrt ist aber absolut ausgeschlossen. Man darf den Wagen auch von unten überprüfen, aber mit Sicherheit wird man die Bitte, den Wagen auf eine Bühne zu stellen, ablehnen. Man kann allerdings die wichtigsten Dokumente einsehen.

Bieten

Bevor man sich an einer Auktion beteiligt, sollte man sich unbedingt über sein persönliches Höchstgebot im Klaren sein und – auch wenn es mitunter schwer fallen mag – dabei bleiben.

Bis das begehrte Auto aufgerufen wird, vergeht meistens einige Zeit, die man nutzen kann, um die anderen Bieter zu beobachten. Ist der anvisierte Wagen an der Reihe, sollte man die Aufmerksamkeit des Auktionators auf sich ziehen indem man ein frühes Gebot abgibt. Der Auktionator wird dann immer zu Ihnen blicken, um eine Reaktion auf ein Gebot zu bekommen. Zumeist wird in genau definierten Schritten gesteigert, was sich erst ändern kann, wenn die Gebote langsamer kommen. Dann werden auch kleinere Schritte akzeptiert. Wenn man sich aus dem Gebotgefecht verabschieden will, sollte man dies dem Auktionator unmissverständlich signalisieren – ein deutliches Kopfschütteln sollte reichen.
Bei einem erfolgreichen Gebot notiert sich der Auktionator die Nummer Ihrer Karte, und von nun an sind Sie für den Wagen verantwortlich.
Wird der Wagen nicht verkauft, weil er schlicht kein ausreichendes Interesse fand oder unter dem Ausrufpreis blieb, gibt es immer noch die Möglichkeit, mit dem Besitzer – unter Vermittlung des Auktionators – direkt zu verhandeln.

Erfolgreiches Gebot

Bereits im Vorfeld sollte man sich für diesen Fall ein paar Gedanken gemacht haben. Wie wird der Wagen nach Hause transportiert und welche Versicherung wird dafür benötigt? Die Versicherungsfrage sollte man auf jeden Fall bereits vor der Auktion geklärt haben. Ist der Wagen nicht fahrbereit: Kann man ihn auf einem Anhänger transportieren oder muss man die Aufgabe an ein qualifiziertes Unternehmen delegieren? Das Auktionshaus verfügt zudem ebenfalls über entsprechende Adressen.

eBay und andere Internet-Auktionen

Bei eBay und anderen Internet-Auktionshäusern kann man durchaus für einen günstigen Preis an seinen Traum-Klassiker kommen, doch sollte man nicht auf eine vorangehende gründliche Untersuchung des Wagens vor Ort verzichten. Die meisten Anbieter ermutigen die Interessenten sogar ausdrücklich dazu. Bei eBay wird stets der Standort des Wagens genannt, sodass man sich ein Angebot in erreichbarer Nähe aussuchen kann. Seien Sie darauf vorbereitet, in letzter Minute überboten zu werden. Sie sollten sich darüber im Klaren sein, dass Ihr Gebot bindend ist, es aber andererseits sehr schwer ist, einen betrügerischen Anbieter vor Gericht zur Rechenschaft zu ziehen. Immer wieder kommt es auch zum Verkauf von „Geisterwagen“. Daher sollte man sicherstellen, dass der in Frage kommende Wagen tatsächlich existiert und sich nicht voreilig von seinem Geld trennen.

Bei öffentlichen Versteigerungen kann man durchaus seltene Behördenversionen des G-Modells erwerben; der hier gezeigte Kastenwagen lang ist so ein Schnäppchen. Allerdings sollte man sich die angebotenen Fahrzeuge vorher genau anschauen und sich selbst – wie bei jeder Auktion – ein festes Limit setzen, sonst kann man ganz schnell mehr Geld bezahlen als man eigentlich ausgeben wollte.

11 Papiere für eine vollständige Dokumentation

Klassische Automobile oder Sammlerautos werden im Allgemeinen von umfangreichen Papieren begleitet, die beim Verkauf weitergereicht werden. Mittels dieser Dokumentation lässt sich die exakte Geschichte des Wagens nachvollziehen und außerdem werden so der Umfang von Pflege, Wartungs- und Restaurierungsarbeiten deutlich. Für den neuen Besitzer sind derartige Dokumente außerordentlich wertvoll und wenn der Verkäufer diese nicht vorweisen kann, sollte man als Interessent misstrauisch werden.

Zulassung

Alle Länder verfügen über ein Registrierungssystem für Automobile – wie dem so genannten „Pink Slip" in den USA oder dem Kraftfahrzeugbrief in Deutschland.
Dabei ist es wichtig, dass die Unterlagen im Original vorliegen und vollständig sind, dass sie sich auf den in Frage kommenden Wagen beziehen und dass alle Details wie Motor- und Fahrgestellnummer korrekt angegeben sind. Alle früheren Besitzer sind ausschließlich im Kraftfahrzeugbrief aufgeführt. Daher sollte man sich nicht mit dem Kfz-Schein begnügen, in dem ja nur der aktuelle Besitzer angegeben ist.
Vergleichen Sie alle Angaben im Brief mit dem Typenschild, das im Fahrzeug montiert ist. Besitzt der Wagen eine ausländische Zulassung, sollte man sich vorab bei den entsprechenden Stellen wie dem Zoll informieren, welche Formalitäten bei der Einführung des Wagens zu erledigen sind.

TÜV/Hauptuntersuchung

Auch Klassiker können der Hauptuntersuchung nicht entgehen. Bei dem Besichtigungstermin spielen daher die letzten HU-Berichte eine entscheidende Rolle bei der Beurteilung des Objektes der Begierde. Also sollte man sich diese Unterlagen unbedingt zeigen lassen und bei Bedarf darauf bestehen, dass die von den Prüfern verlangten Reparaturen durch entsprechende Rechnungen dokumentiert werden. Auch wenn der Wagen nicht mehr zugelassen ist, sollte man nicht darauf verzichten. So offenbaren sich mitunter schon vor der ersten genaueren Besichtigung mögliche gravierende Schwachpunkte. Sind diese Unterlagen nicht vorhanden, ist es durchaus möglich, dass der Verkäufer etwas zu verbergen hat.

Anmeldung

Ist das Fahrzeug noch zugelassen, ist eine Ummeldung relativ unproblematisch. Wer viel Zeit, Geduld und Lust auf Bürokratie hat, kann selbst zum Straßenverkehrsamt fahren und dort seinen Wagen ummelden. Dazu benötigt man Kraftfahrzeugbrief, -schein, elektronische Versicherungsbestätigung (eVB), HU-/AU-Unterlagen, Personalausweis und Bargeld für die fälligen Gebühren und die neuen Kennzeichen. Hat man sich die Kennzeichen besorgt und montiert, steht der weiteren Fahrt nichts mehr im Weg.
Besitzt der Wagen keine Zulassung mehr, interessiert sich zunächst der TÜV für das Fahrzeug. Je nach Herkunft und Dauer der Abmeldung kann der TÜV auf eine Einzelabnahme bestehen, für die eine ausführliche technische Dokumentation notwendig ist. Ist diese Hürde genommen, begibt man sich zur Zulassungsstelle. Wenn man Zeit sparen will, kann man auch entsprechende Dienstleister in Anspruch nehmen, die gegen eine Gebühr die Zulassung organisieren.

Bewertung

Mitunter hat der Verkäufer ein Wertgutachten von einer anerkannten Organisation wie DEKRA, DAT oder Classic Data anfertigen lassen, aus dem der Wert des Modells hervorgeht. Im Allgemeinen stellen solche Dokumente allerdings lediglich eine unverbindliche Richtgröße für den tatsächlichen Preis dar.

Service-Historie

Häufig werden diese Wagen von ihren (hoffentlich fähigen) Besitzern selbst gewartet. Trotzdem sollte man so viele Details der Service-Historie wie möglich in Erfahrung bringen. Dabei kommt den Bescheinigungen und Rechnungen von Markenhändlern oder Fachbetrieben eine ganz besondere Bedeutung zu. Tatsächlich sind alle Papiere bei der Dokumentation wichtig: Vom ersten Kaufvertrag bis zum Wartungsheft bekommt man so Antworten auf wichtige Fragen zu der Geschichte des Fahrzeugs. Besonders ein Katalog des Modells aus dem entsprechenden Baujahr ist eine wichtige Informationsquelle und sollte, falls nicht bereits vorhanden, so schnell wie möglich erworben werden. Die Behauptung des Besitzers, dass der Wagen restauriert worden sei, sollte man sich immer durch die entsprechenden Unterlagen belegen lassen.

Wenn der Verkäufer erklärt, den Service selbst vorgenommen zu haben, sollte man fragen, wann die Arbeiten ausgeführt wurden und nach entsprechenden Hinweisen suchen. Im besten Fall deckt sich Ihre Einschätzung des Gesamtzustands mit den Angaben des Verkäufers.

Restaurierungs-Fotos

Größere Restaurierungsmaßnahmen werden in der Regel mit einer Vielzahl von Fotos dokumentiert. Die aus verschiedenen Winkeln gemachten Aufnahmen helfen dabei, Umfang und Qualität der Arbeiten einzuschätzen. Wenn Sie den Wagen kaufen, bitten Sie den Verkäufer, Ihnen die Fotos zu überlassen, weil sie ein wichtiger Teil der Geschichte des Fahrzeugs sind. Es ist erstaunlich, wie viele Besitzer bereit sind, sich zwar von ihrem Wagen zu trennen, die Fotos aber als Erinnerungsstücke behalten wollen. In einem solchen Fall kann man sich vermutlich auf Abzüge von den Originalen einigen.

Wurde das besichtigte Fahrzeug bereits restauriert? Dann sind Fotos der Arbeiten ein wichtiger Beleg für die Qualität der durchgeführten Arbeiten. Falls man das erworbene Fahrzeug später selbst einmal restaurieren möchte, geben die Bilder wichtige Hinweise auf den zu erwartenden Umfang des Projektes.

12 Wie viel ist „er" wert?

Herz und Verstand

Der Kauf des G-Modells soll der Beginn einer langen Reihe positiver Erlebnisse mit dem Fahrzeug sein. Die emotionale Bindung ist wichtig – wenn es „kribbelt" ist der erste Schritt Richtung Kaufentscheidung gefallen. Dennoch sollten Sie Ihrem Herz nicht den Vorrang über den Verstand einräumen, schließlich wollen Sie vermeiden von Ihrem G durch endlose Reparaturen enttäuscht zu werden.

Zustand

Wenn Sie sich die Mühe gemacht haben und den in Frage kommenden Wagen nach dem Bewertungssystem in Kapitel 9 begutachtet haben, wissen Sie nun, ob sich das Fahrzeug in einem exzellenten, guten, durchschnittlichen oder schlechten Zustand oder irgendwo dazwischen befindet. Unterbreiten Sie dem Verkäufer nach dem Ergebnis Ihrer Inspektion einen Preis, bei dem Sie die geschätzten Kosten für die notwendigen Reparaturen berücksichtigt haben.

Viele Fachmagazine (z.B.: *Oldtimer Markt*) veröffentlichen regelmäßig eine Preisübersicht. Als sehr hilfreich erweist sich auch der *Oldtimer Katalog* aus dem HEEL Verlag, ein jährlich neu erscheinender Marktführer. Auktionspreise und Angebote von großen Online-Portalen wie *Autoscout24.de* geben ebenfalls wichtige Anhaltspunkte. Klassiker haben sich in den vergangenen Jahren als relativ wertstabil erwiesen, jedoch sorgen Trends und Nachfrage nach bestimmten Modellen immer wieder für eine Verschiebung der Preise. Der Land Rover war in den letzten Jahren recht wertbeständig, jedoch gibt es gesuchtere und weniger gesuchte Modelle. Die angegebenen Preise sind auch abhängig von den Bewertungsmaßstäben, die die jeweiligen Zeitschriften anlegen, sodass man unbedingt die entsprechenden Fußnoten lesen muss. Außerdem sollte man sich darüber im Klaren sein, dass für einen preisgekrönten Concours-Sieger immer eine Kaufsumme aufgerufen werden wird, die über dem aktuellen Marktwert liegt. Davon ausgehend, dass der angebotene Wagen von diesem Zustand weit entfernt ist, muss man den verlangten Preis in Relation zu dem tatsächlichen Zustand sehen. Bevor man nun mit dem handeln beginnt, gilt es zu bedenken, dass sich vorhandene Zusatzausstattungen immer auf den Preis auswirken. Wenn Sie den Wagen von einem Händler kaufen, berücksichtigen Sie dessen einkalkulierte Gewinnspanne.

Nicht empfehlenswerte Extras

Es ist von allen Bauteilen abzuraten, die die Originalität des W 460 beeinträchtigen, z.B. Trittbretter, Sitze, die nicht mit dem originalen Stoff bezogen sind, Teile des W 463 wie Kühlerfront, Spiegel oder Heckleuchten. Nachträgliche Lackierungen in nicht werksseitig angebotenen Farben sowie modernere, nicht zur Baureihe passende Motoren und Gasumbauten sind ebenfalls wertmindernd.

Wünschenswerte Extras

Originale Klimaanlage, originale Rotzler-Seilwinde, Verteilergetriebe mit Nebenantrieb, originale Mercedes-Recaro-Sitze, Sitzheizung, originale elektrische Fensterheber, Schiebefenster hinten (Station Kurz), Armlehnen an den Vordersitzen, originale Standheizung „Webasto", Notsitze im Laderaum, Zentralverriegelung, originales „Becker"-Radio, 5-Ganggetriebe (230 GE, 280 GE, 300 GD) oder Automatikgetriebe beim 280 GE.

Gesuchte Sonderausstattungen: Alle Teile aus dem original Zubehörprogramm von Mercedes-Benz sind begehrte Extras, die sich natürlich auch im Preis niederschlagen. Zu diesen Ausstattungsteilen zählen die extrem selten verbaute „Rotzler"-Seilwinde und die original Recaro-Sitze. Auch der werksseitig angebotene Rammschutz, wie an dem hier gezeigten restaurierten 280 GE mit „Wolf"-Karosse (Bild unten), sind begehrte Extras.

Gewährleistung

Garantie- und Gewährleistungen ist bei so alten „klassischen" Autos immer ein Problem und man sollte sich nicht darauf verlassen, dass der Verkäufer für entstehende Mängel aufkommt. Wenn Sie Ihr Fahrzeug beim Händler kaufen, schauen Sie sich auch seine Werkstatt an und bedenken Sie, dass Sie notfalls dort hin müssen (Entfernung), um Naschbesserungen erledigen zu lassen. Grundsätzlich sind Händler zwar verpflichtet, Gewährleistung zu geben – es sei denn, Sie verkaufen „im Auftrag" –, aber berechtigte Ansprüche geltend zu machen, ist oft aufwändig. Auch sollten Sie bei einem alten Auto nichts von einer „Gebrauchtwagengarantie" erwarten, die Kosten dafür können Sie lieber vom Kaufpreis abziehen.

Kaufvertrag

Der Kaufvertrag kann nur auf Basis des aktuellen Zustands („wie gesehen und Probe gefahren") abgeschlossen werden. Eine genaue Überprüfung während und nach der Probefahrt verschafft mehr Zeit zum Nachdenken. Auf jeden Fall sollten Sie argumentieren können, warum der verlangte Preis nicht angemessen ist, und gleichzeitig muss man sich unbedingt darüber im Klaren sein, wie viel man höchstens bereit ist zu zahlen. Berücksichtigen Sie die möglichen Reparaturkosten und nutzen Sie dies als Verhandlungsargument. Im Zweifelsfall kann man noch immer ein unabhängiges Gutachten anregen.

13 Restaurieren – ja oder nein?

Auch wenn Exemplare der Baureihe W 460/461 als sehr wartungs- und reparaturfreundlich gelten, erleichtern Erfahrung und Geschicklichkeit erfahrungsgemäß die Reparaturarbeiten und den Zusammenbau. Je nach Einsatzbereich des Fahrzeugs (Wettbewerb wie Rallys oder Trial-Veranstaltungen) und Umfang der Arbeiten sollte man überlegen, ob eine Do-it-yourself-Restaurierung mit Amateurhalbwissen eine gute Idee ist. Ein ausführliches Schrauberhandbuch ist unerlässlich, denn eine ordentliche Reparatur an diesem Kult-Geländesportler duldet keine Schlamperei.

Fragen und Antworten

In einigen Fällen kann es sich wirklich rentieren, einen Wagen zu kaufen, der überschaubare Arbeiten verlangt, um wieder auf der Straße rollen zu können. Allerdings muss man hier genau selektieren aus einer Vielzahl von Fahrzeugen, die oberflächlich betrachtet nur ein wenig Aufarbeitung erfordern, jedoch in Wirklichkeit Kandidaten für einen kompletten Neuaufbau sind.

Generell gilt es, sich im Vorfeld in Sachen Restaurierung über einige wichtige Punkte im Klaren zu sein: Besitzen Sie tatsächlich das Talent, die Möglichkeiten und – noch wichtiger – die Zeit, um sich der Herausforderung einer Komplettrestaurierung mit all den möglichen Komplikationen zu stellen?

Bei einer Restaurierung wird es notwendig werden, Originalteile zu kaufen. Natürlich kann man sich auch in einigen Fällen mit gebrauchten Teilen zufrieden geben, doch sind es die Originalteile, die sehr kostspielig sind, zudem wenn man zur Montage auf die Hilfe eines Fachbetriebes – mit gutem Ruf und Mercedes-G-Erfahrung – angewiesen ist.

Außerdem müssen Sie auch den Platzbedarf für eine Restaurierung berücksichtigen. Eine große und trockene Garage und ein guter Werkzeugbestand sind Grundvoraussetzung. Haben Sie ein brauchbares Reparaturhandbuch im Regal stehen? Haben Sie die Möglichkeiten, den Motor auszubauen? Wird die Restaurierung wirklich nur ein Jahr dauern? Oder sind 24 Monate realistischer?

Doch so eine Komplettrestaurierung bleibt immer ein finanzielles Abenteuer. Nicht selten verschlingen solche Projekte mehr Geld als das Fahrzeug nach Abschluss der Arbeiten wert ist. Wenn man die Summe für eine Totalrestaurierung direkt beim Kauf investiert, kann dies für wesentlich mehr Fahrvergnügen sorgen – bei deutlich weniger Arbeit.

Daher sollte man immer die Regel befolgen, den bestmöglichen G zu kaufen, den man sich leisten kann. Bei Modellen in restaurierungsbedürftigem Zustand muss man unter allen Umständen vermeiden, viel Geld für einen Haufen wertlosen Schrott zu bezahlen.

Bei der Restaurierung dieses 280 GE wurden Motorhaube und vordere Kotflügel aus leichtem und langlebigem Kunststoff (GFK) verbaut. Die Qualität der Teile ist so erstaunlich gut, dass man auf den ersten Blick keinen Unterschied zu den originalen Blechteilen erkennt.

14 Lackprobleme

Lackprobleme entstehen zumeist aufgrund unzureichender Vorarbeiten für eine Neulackierung oder Ausbesserung. Einige der folgenden Probleme werden Sie bei der Klassiker-Suche häufiger antreffen.

Orangenhaut

Die ungleichmäßige Lackoberfläche erinnert an die Schale einer Orange. Das Problem entsteht, wenn der Lack zu wenig verdünnt wurde (häufig auch in Kombination mit einem zu großen Sprühabstand). Auch extreme Temperaturunterschiede zwischen der Umgebung und der zu lackierenden Oberfläche fördern die Bildung einer Orangenhaut. Dieser Effekt lässt sich in leichteren Fällen mit einer entsprechenden Politur oder sehr feinem Schleifpapier beseitigen. Je nach Ausmaß dieses Lackierfehlers ist eine Neulackierung empfehlenswert. Hier hilft auf jeden Fall die Begutachtung durch einen Experten.

Risse

Risse im Lack können vor allem durch zu viel Spachtelmasse entstehen. Wird dem Lack zu viel Härter beigemischt oder besteht eine Unverträglichkeit zwischen der neu aufgetragenen Farbsorte und der bereits vorhandenen Lackierung, kann es ebenfalls zu diesen Erscheinungen kommen. Bei einer umfassenden Restaurierung sollte man vor der Neulackierung sämtliche Lackschichten entfernen, um dieses Problem sicher auszuschließen.

Haarrisse

Wenn sich feine Haarrisse über die Lackoberfläche verteilen, liegt häufig eine Unverträglichkeit des Lacks mit der verwendeten Grundierung vor. In diesem Fall muss man sich Gedanken über eine Neulackierung machen.

Blasen

Korrosion unter der Lackierung verursacht unweigerlich Blasen. Werden sie erst einmal richtig sichtbar, ist der Schaden an den Blechen vermutlich ziemlich groß. Vor einer Neulackierung muss in diesen Fällen zunächst das betroffene Blech repariert werden.

Mikroblasen

Diese Blasen lassen auf eine preiswerte Lackierung schließen, bei der die Oberfläche nicht gründlich trocknen konnte. Am besten holt man sich Rat bei einem Spezialisten, doch wird man häufig in dem betroffenen Bereich die alte Lackierung vollständig entfernen müssen. Als Ursache für die Blasen kommen aber auch Fahrzeugabdeckungen in Frage, die nicht „atmen".

Verblassen

Einige Farben, vor allem Rot, neigen dazu, bei starker Sonneneinstrahlung und ohne Schutz durch entsprechende Politur zu verblassen. Wenn eine Behandlung mit einem Lackreiniger nicht ausreicht, kommt man um eine Neulackierung nicht herum.

Das Problem des abblätternden Lacks betrifft sowohl Fahrzeuge mit Zwei-Schicht-Metallic-Lacken als auch Exemplare mit Einschicht-Lacken.

Abblättern

Vor allem bei Metallic-Lackierungen kann es vorkommen, dass der Klarlack abblättert. Schlecht aufgetragener Einschicht-Lack zeigt ebenfalls diese Erscheinung. Konsequenterweise muss das Fahrzeug auch in diesen Fällen neu lackiert werden.

Einschlüsse

Wenn bei den Vorbereitungen zum Lackieren und beim eigentlichen Lackiervorgang nicht auf Sauberkeit geachtet wurde, kommt es zu Staub- und Schmutzeinschlüssen, die sich nicht ohne weiteres entfernen lassen. Hier hilft nur eine vollständige Neulackierung.

Beulen

Kleinere Beulen lassen sich leicht vom „ Beulen-Doktor" (Adressen im Internet) sanft und meistens ohne Folgen für den Lack aus dem Blech ziehen, sofern die Lackoberfläche noch intakt ist. Auf jeden Fall sollte man berücksichtigen, dass bei vielen Oldtimern dickere Bleche verwendet wurden als bei heutigen Fahrzeugen und sich dadurch die Arbeit des Beulen-Doktors manchmal schwieriger – und somit teurer als angenommen – gestalten kann.

15 Konditionsprobleme

Auch ein altes G-Modell braucht Bewegung. Idealerweise sollte das Fahrzeug mindestens einmal pro Woche für wenigstens 20 Kilometer gefahren werden. Dabei werden die verschiedenen flüssigen Betriebsstoffe auf Betriebstemperatur gebracht und umgewälzt. Bei so einer „Bewegungsfahrt" sollten auch alle Funktionen der Allradtechnik durchgeschaltet werden. Beachtet man dies nicht, drohen Standschäden:

Festgegangene Komponenten

Die beweglichen Teile in der Einspritzanlage (Bosch K-Jetronic) beim 280 GE (M 110-Motor) können verharzen. Ohne Kraftstoffdurchsatz springt das Fahrzeug nicht an.

Die Einrückklauen der Differenzialsperren können einrosten. Die Sperren lassen sich dann nicht aktivieren.

Die Handbremsmechanik muss regelmäßig betätigt werden, damit die Bremszüge funktionsfähig bleiben.

Die Kolben in den Sätteln der hydraulischen Bremse können z.B. als Folge von defekten Dichtgummis korrodieren und festgehen. Aber auch das in der Bremsflüssigkeit enthaltene Wasser fördert die Korrosion. Bremsflüssigkeit ist hygroskopisch, d. h. sie nimmt aus der Luft Feuchtigkeit auf. Deshalb sollte sie spätestens alle zwei Jahre ausgetauscht werden. Wird dies unterlassen, kann das Wasser nicht nur wie beschrieben zu Rost im Bremssystem (Bremskolben, Hauptbremszylinder), sondern auch zu Dampfblasenbildung bei heißer Bremse führen – katastrophales Bremsversagen wäre die Folge. Die Bremsbeläge können an den Scheiben festkleben oder -korrodieren, die Scheiben können rosten. Die Handbremse kann bei klemmenden Zügen nicht mehr gelöst werden; nicht selten hat sich der Handbremsbelag meist unlösbar mit der Bremstrommel verbunden. Die Kupplung kann infolge Korrosion an der Schwungscheibe festkleben, wenn das Fahrzeug monatelang stillsteht.

Den Dieselmotoren (wie der abgebildete OM 617A) schaden lange Standzeiten oft weniger als den Benzinaggregaten. Sie haben weniger elektrische Bauteile und der Treibstoff bleibt länger zündfähig.

Die Trommelbremsen können bei längerer Standzeit festrosten. Allerdings kann diesen Bremsen auch mangelnde Pflegen nach Geländeeinsätzen (z. B. Schlammfahrten) extrem zusetzen.

Die Bremsflüssigkeit sollte nach längerer Standzeit (mehr als ein Jahr) sofort gewechselt werden.

Flüssigkeiten

Bei sehr langen Standzeiten kann es passieren, dass sich das Motoröl zersetzt und sich in seine Bestandteile auftrennt. Abhängig vom Öltyp (mineralisch oder synthetisch) können sich säurehaltige, aggressive Rückstände bilden, die jedes Metallstück, das damit in Verbindung kommt, korrodieren lassen.

Weißliche Rückstände am Motorölmessstab oder im Öldeckel deuten auf Kühlwasser im Öl hin – ein sicheres Anzeichen für eine defekte Zylinderkopfdichtung.

Der Ölstand in den Achsen sollte bis an den Rand der Einfüllschrauben reichen, das Öl sollte nicht auffällig riechen.

Bei fehlendem Frostschutz kann das Kühlsystem von innen her rosten. Die Froststopfen können herausfallen, Risse in Motorblock oder Zylinderkopf sind ebenfalls möglich. Schlammablagerungen, die vor allem den Kühler zusetzen, können Überhitzung verursachen.

Das Wasser in der Scheibenwaschanlage kann zu stocken anfangen. Es empfiehlt sich also, die alte Flüssigkeit komplett abzupumpen, bevor neue eingefüllt wird.

Auch Kraftstoffe altern, heute schneller als früher. Verdampftes Benzin im Kraftstoffsystem hinterlässt Ablagerungen, die Einspritzdüsen und Vergaserdüsen verstopfen. Vor dem ersten Starten sollten Sie für frischen Kraftstoff sorgen und die Benzinpumpe zunächst einige Sekunden laufen lassen, damit der alte Sprit aus dem System gefördert wird.

Auch die Batterie leidet unter zu wenig Benutzung, regelmäßiges Laden und Kontrolle des Säurestands sind unerlässlich

Räder

Kontrollieren Sie die eingeprägte DOT-Nummer an der Reifenflanke. Die vierstellige DOT-Nummer gibt mit den ersten beiden Ziffern Auskunft über die Produktionswoche, die hinteren beiden über das Jahr. Fehlt diese Nummer, sind die Reifen für einen sicheren Betrieb des Fahrzeugs zu alt und dann sowieso ein Fall für die Entsorgung. Die Reifen sollten nicht älter als sechs bis sieben Jahre sein.

Sehen Sie sich das Profil genau an und achten Sie dabei auf feine Risse zwischen den Profilblöcken.

Oft wird die Außenflanke des Reifens aus optischen Gründen mit so genannter Reifenfarbe oder Reifenpflege behandelt, um ihr ein satt schwarzglänzendes Aussehen zu verleihen. Lassen Sie sich davon nicht blenden, sondern begutachten Sie bei voll eingeschlagener Lenkung auch die hintere Flanke des Reifens. Meist sieht diese Seite ganz anders aus ...

Die Profiltiefe ist kein Maßstab für den Zustand eines Reifens: Achten Sie auf Beschädigungen, Risse und die DOT-Nummern.
Wurde das Fahrzeug über einen längeren Zeitraum nicht bewegt, können sich Standplatten gebildet haben, die sich als unangenehme Vibrationen bemerkbar machen. In der Regel verschwinden diese nach einigen Kilometern. Anderenfalls sollten Sie die Bereifung vorsorglich erneuern. Leichtmetallfelgen können oxidieren. Eine Instandsetzung beim Spezialisten („Felgen-Doktor") ist in den meisten Fällen möglich, allerdings inklusive Neulackierung nicht ganz günstig.

Stoßdämpfer

Nach langem Stillstand werden die Dichtungen der Dämpfer durchlässig. Dadurch kann das als Dämpfungsmittel enthaltene Gas entweichen und die Dämpfer verlieren ihre Wirkung.

Gummi und Kunststoff

Die Türdichtungen aus Gummi neigen dazu, mit der Zeit einzureißen. Die Dichtungen sind teuer und daher in die Kaufkalkulation mit einzubeziehen.
In die Gummischutzleisten an den Seiten des Fahrzeugs kann Wasser eindringen. Dann rosten sie und quellen auf. Die Gummileitungen der K-Jetronic-Einspritzanlage (280 GE) können porös werden und dann Falschluft ziehen.

Elektrik

Langes Stehen schont das Auto meist nicht, sondern sorgt für viele Defekte. Checken Sie beim Kauf also wirklich jede elektrische Funktion. Manchmal hilft es, den Schalter mehrmals ein- und auszuschalten, um die Kontakte wieder freizubekommen. Alte Kabelverbindungen leiten manchmal den Strom nicht mehr zuverlässig, beim Fahren sorgen dann die Vibrationen für Wackelkontakte. In diesen Fällen sollten Sie die entsprechenden Verbindungen mit Kontaktspray behandeln.
Eine tiefentladene Batterie kann man zwar wieder aufladen, sie wird aber nie wieder ihre ursprüngliche Leistung erreichen. Daher sollten Sie sich lieber eine neue besorgen, um auf der sicheren Seite zu sein. Eine vollständig geladene Batterie sollte bei abgeschaltetem Motor eine Spannung von etwa 12,7 Volt aufweisen, ein Wert von 12,0 Volt bedeutet schon, dass die Batterie nicht mehr vollständig geladen ist, bei 11,5 Volt ist die Batterie vermutlich beschädigt.
Masseprobleme treten auf, wenn sich das Massekabel des Motors losvibriert hat. Die Kabel der Zündanlage setzen mit der Zeit Korrosion an. Die Kontakte der Benzinpumpe können ebenfalls durch Korrosion geschädigt sein.

Auspuff

In den Abgasen befinden sich Wasser und Säuren, Stahlauspuffanlagen rosten von innen nach außen, wenn das Auto lange gestanden hat.

16 Wichtige Adressen und Ansprechpartner

Clubs

Für Besitzer früher Mercedes G kann sich die Mitgliedschaft in einem Club oder einer Interessengemeinschaft lohnen. Sie bieten technische Unterstützung, helfen bei zahlreichen Fragen und können bei der Organisation von Ersatzteilen oder kompletten Fahrzeugen hilfreich sein. Meist werden auch regelmäßige Ausfahrten oder Reisen angeboten.
Die Gemeinschaft der Mercedes / Puch G-Liebhaber organisiert sich weltweit in einer starken Clubszene, die sich dem W 460 besonders im Internet mit zahlreichen Seiten und Foren annimmt. Neben typenspezifischen Informationen erweist sich das Internet auch als nützlicher Helfer bei der Suche nach Spezialisten und Ersatzteilen.

Clubs und Interessengemeinschaften bieten nicht nur interessante Ausfahrten und Events, sie können auch Ansprechpartner für jegliche G-Klasse-Probleme sein.

Mercedes Geländewagen Club e.V.
Offiziell von der Daimler AG anerkannter Mercedes-Geländewagen Club in Deutschland. Es gibt Rabatte auf Mercedes Ersatzteile für Mitglieder.
www.Mercedes-Gelaendewagenclub-ev.de

G-Club Aachen
Der G-Club Aachen ist ein lokaler Stammtisch mit eigenen Geländeausfahrten und Reisen.
www.g-club-aachen.de

Swiss G-Club
Der offizielle Mercedes / Puch G-Club in der Schweiz
www.swiss-g-club.ch

Internetforen

www.viermalvier.de
www.offroad-forum.de
www.motortalk.de
www.pointedthree.com (englisch)

Restaurationsfachbetriebe (Auswahl)

GZR Böhme
G-Manufaktur
Hauptstraße 2
29365 Sprakensehl
Tel.: 05837/140033
E-Mail: info@g-manufaktur.de
www.g-manufaktur.de

Le Tech
Andreas Lennartz
Reizenwiesen 19
D-73642 Welzheim-Breitenfürst
Tel.: 07182/93565-0
E-Mail: info@lennartz-technik.de
www.lennartz-technik.de

ORC
Uhlandstr. 91
73760 Ostfildern
Tel.: 0711/342942-0
E-Mail: info@orc.de
www.orc.de

GFG GmbH
Gesellschaft für Geländewagen mbH
Gewerbegebiet 15
99894 Leinatal OT Schönau v.d.Walde
Tel.: 036253/477545
E-Mail: info@g-raid.de
www.g-raid.de

S-Tec GmbH & Co OG
Frank-Stronach-Straße 3
A-8200 Albersdorf
Österreich
Tel.: +43 (0) 31129000-0
E-Mail: office@s-tec.at
www.s-tec.at

G Wagon Car Technology GmbH
Rottenbachergasse 5
A-8570 Voitsberg
Österreich
Tel.: +43 (0)720/109570
email: office@tschiewagon.com
www.tschiewagon.com

Teilehändler (Auswahl)

GFG mbH
www.GFG-Shop.de

GZR Böhme
G-Manufaktur
www.g-manufaktur.de

Mercedes-Benz Gebrauchtteile-Center
www.mbgtc.de

ORC
www.orc.de

Ebay / Ebay-Kleinanzeigen
In der Internetauktionsbörse „Ebay" werden eine Menge Teile angeboten, hin und wieder lässt sich dort ein Schnäppchen machen. Doch handelt es sich meistens um privat angebotene Teile. Professionelle Händler sind in der Regel teurer. Es gibt verschiedene Gebrauchtteilehändler bei Ebay, es ist aber eine gewisse Vorsicht geboten. Prüfen Sie kritisch das Impressum des Verkäufers. Steht dahinter eine seriöse Firma mit Postanschrift und erreichbarem Festnetztelefonanschluss in Deutschland? Ist die angegebene Email-Adresse einer natürlichen Person oder Firma eindeutig zuzuordnen?

Literatur

Jeder W 460 / 461 wurde mit einem Bordbuch (Betriebsanleitung) und Serviceheft (Scheckheft) ausgeliefert. Sollten diese nicht mehr vorhanden sein, kann man sich auf Oldtimermärkten oder bei Ebay neue besorgen. Auf Anfrage liefert sogar Mercedes-Benz selbst über seine Vertragshändler neuen Ersatz. Es gibt auch spezielle Mercedes-Benz-Werkstatthandbücher für den G; trotz des hohen Preises (ca. 140 €) in jedem Fall eine nützliche Investition für Hobby-Schrauber.

Weitere Fachliteratur zum Thema Mercedes G

Jörg Sand
Das Neue Große
Mercedes G-Klasse Buch
HEEL Verlag

Jörg Sand
Das Mercedes G-Klasse
Schrauber-Handbuch
HEEL Verlag

17 Daten und Fakten

Bauausführungen (BA) des W 460/461:

BA 1: Cabrio, Radstand 2400 mm mit fest stehender Frontscheibe
BA 2: Kastenwagen kurz, Radstand 2400 mm
BA 3: Station-Wagen kurz, Radstand 2400 mm
BA 4: Kastenwagen lang, Radstand 2850 mm
BA 5: Pickup lang, Radstand 2850 mm
BA 6: Station-Wagen lang, Radstand 2850 mm
BA 7: Offener Wagen kurz, Radstand 2400 mm mit klappbarer Frontscheibe
BA 8: Wurde bisher nicht vergeben
BA 9: Fahrgestell mit Fahrerhaus, Radstand 3120 mm oder 3400 mm
BA 10: Offener Wagen lang, Radstand 2850 mm mit klappbarer Frontscheibe
BA 11: Fahrgestell mit Doppelkabine, Radstand 3120 mm oder 3400 mm

Produktionszahlen

Typ	Radstand	Bauausführung	Stück	Baumuster
230 G	2400 mm	1	3894	460.210
280 GE	2400 mm	1	5000	460.212
200 GE	2400 mm	1	64 (Italien)	460.216
230 GE	2400 mm	1	2.241	460.218
230 G	2850 mm	4	2	460.221
280 GE	2850 mm	4	58	460.223
280 GE	3120 mm	9	31	460.224
230 GE	3120 mm	9	6	460.227
230 GE	2850 mm	5	47	460.229
230 G	2400 mm	3	207	460.230
230 G	2850 mm	6	35	460.231
280 GE	2400 mm	3	1179	460.232
280 GE	2850 mm	6	3659	460.233
200 GE	2400 mm	3	536 (Italien)	460.236
200 GE	2850 mm	6	10 (Italien)	460.237
230 GE	2400 mm	3	3443	460.238
230 GE	2850 mm	6	1150	460.239
280 GE	2400 mm	3	18	460.299
240 GD	2400 mm	1	5797	460.310
300 GD	2400 mm	1	10.542	460.312
250 GD	2400 mm	1	95	460.317
240 GD	2400 mm	4	1	460.320
240 GD	2850 mm	4	258	460.321
300 GD	2400 mm	9	3	460.322
300 GD	2850 mm	4	372	460.323
300 GD	3120 mm	9	51	460.325
250 GD	2850 mm	4	60	460.328
250 GD	3120 mm	9	23	460.329
240 GD	2400 mm	3	1247	460.330
240 GD	2850 mm	6	342	460.331
300 GD	2400 mm	3	5530	460.332
300 GD	2850 mm	6	3905	460.333
250 GD	2400 mm	3	1437	460.337
250 GD	2850 mm	6	436	460.338
300 GD	2850 mm	5	12	460.343
230 G	2400 mm	7	1052	461.210

230 G	2850 mm	10	15	461.211
280 GE	2400 mm	7	20	461.212
280 GE	2850 mm	10	24	461.213
230 GE	2400 mm	7	11	461.218
230 GE	2850 mm	10	3	461.219
230 GE	3120 mm	9	3	461.227
230 GE	2850 mm	4	1	461.229
230 GE	2400 mm	3	118	461.238
230 GE	2850 mm	6	97	461.239
230 GE	2850 mm	5	9	461.249
230 GE	2850 mm	7	101	461.266
230 GE	2850 mm	10	2000	461.267
240 GD	2400 mm	7	4233	461.310
240 GD	2850 mm	10	2005	461.311
300 GD	2400 mm	7	98	461.312
300 GD	2850 mm	10	76	461.313
250 GD	2400 mm	7	44	461.317
250 GD	2850 mm	10	7	461.318
290 GDT	3400 mm	11	9	461.321
290 GDT	3400 mm	9	230	461.322
290 GD	3400 mm	9	724	461.323
290 GD	3400 mm	9	14	461.324
300 GD	3120 mm	9	178	461.325
290 GDT	2850 mm	4	116	461.326
290 GDT	3400 mm	9	1939	461.327
290 GD	2850 mm	4	228	461.328
290 GD	3120 mm	9	2272	461.329
290 GDT	2400 mm	3	486	461.335
290 GDT	2850 mm	6	1059	461.336
290 GD	2400 mm	3	976	461.337
290 GD	2850 mm	6	1.836	461.338
290 GD	2850 mm	5	128	461.341
300 GD	3120 mm	9	169	461.347
300 GD	3120 mm	9	81	461.348
300 GD	3120 mm	9	10	461.349
290 GDT	2400 mm	7	625	461.365
290 GDT	2850 mm	10	269	461.366
290 GD	2400 mm	7	870	461.367
290 GD	2850 mm	10	414	461.368
250 GD	2400 mm	7	9444	461.401
250 GD	2850 mm	10	471	461.402
290 GD	2850 mm	4	33	461.403
290 GD	2850 mm	4	76	461.404
250 GD	3120 mm	9	351	461.405
290 GD	2400 mm	3	1842	461.450
290 GD	2400 mm	7	74	461.451
290 GD	2850 mm	4	1432	461.452
290 GD	2850 mm	10	271	461.454
290 GD	2850 mm	10	43	461.455
250 GD	2850 mm	10	96	461.456
290 GD	3120 mm	9	501	461.458
290 GD	3120 mm	9	301	461.459
240 GD	2400 mm	7	4721	462.020
Peugeot P4	2400 mm	7	12.180	462.000
Peugeot P4	2850 mm	10	113	462.001
Peugeot P4	2850 mm	9	95	462.002

Zählt man die 12.388 Peugeot P4 nicht mit, so beläuft sich die Gesamtproduktion des Mercedes/Puch G auf 93.897 Exemplare der ersten Generation W 460/461. Im Vergleich zu anderen Baureihen aus dem Hause Mercedes-Benz eine eher bescheiden anmutende

Zahl. Dafür zählt die G-Klasse zu den am längsten produzierten Fahrzeugen in der Geschichte des Automobils. Bis zum 25-jährigen Jubiläum 2014 rollten rund 175.000 Einheiten der G-Klasse bei Magna Steyr im österreichischen Graz vom Band.

DATENBLATT W 460/461

Typ	230 G	230 GE	240 GD	250 GD	280 GE	290 GD	290 GD Turbo	300 GD
Motor	M 115	M 102	OM 616	OM 602	M 110	OM 602	OM 602DELA	OM 617
Hubraum (ccm)	2307	2299	2399	2497	2746	2874	2874	2998
Motorbauart/ Zylinder	R4	R4	R4	R5	R6	R5	R5	R5
Leistung (PS)	90/102	125/122	72	84	156/150	95	120	88
Drehmoment (Nm)	167	192	137	154	226	192	280	172
Kraftstoff-anlage	Stromb. Verg.	Bosch K(E)-Jet.	Bosch Diesel	Bosch Diesel	Bosch K-Jet.	Bosch Diesel	Bosch Diesel	Bosch Diesel
Kraftüber-tragung	4G	4G/5G/ 4GAtm.	4G	5G	4G/5G/ 4GAtm.	5G	4GAtm.	4G/5G/ 4GAtm.
Achsüber-setzung	5,33:1	4,9:1 / 4,37:1	5,33:1	5,33 / 6,17:1	4,9:1 / 4,37:1	4,9:1	3,95:1	4,9:1
Beschl. 0-100 (s)	26	17	32	27	14	26,5	19	27
Bremsweg 100-0 (m)	42	42	42	42	42	42	40	42
Höchstge-schwindigkeit (km/h)	137	150	120	128	160	137	140	130
Leergewicht (kg)	1740-1950	1830-2000	1850-2020	2000-2200	1900-2050	2000-2080	2010-2200	1885-2080
Zul. Gesamt-gewicht (kg)	2500-3000	2500-3000	2500-3000	2500-3000	2500-3000	2500-3000	2500-3000	2500-3000
Zuladung (kg)	810-970	600-90	620-900	690-900	610-920	820-910	810-900	620-970
Verbrauch (l)	17	16	12	12	19	12	11	13
Bereifung	205 R16	205 R16	205 R16	205 R16	205 R16	205 R16	205 R16	205 R16
Länge (mm)	4110-4580	4110-4580	4110-4580	4110-4580	4110-4580	4110-4580	4110-4580	4110-4580
Breite (mm)	1700	1700	1700	1700	1700	1700	1700	1700
Höhe (mm)	1950	1950	1950	1950	1950	1950	1950	1950
Baujahr	1979-1982	1982-1995	1979-1987	1987-1992	1979-1990	1992-1995	1995-2001	1979-1990

Worker

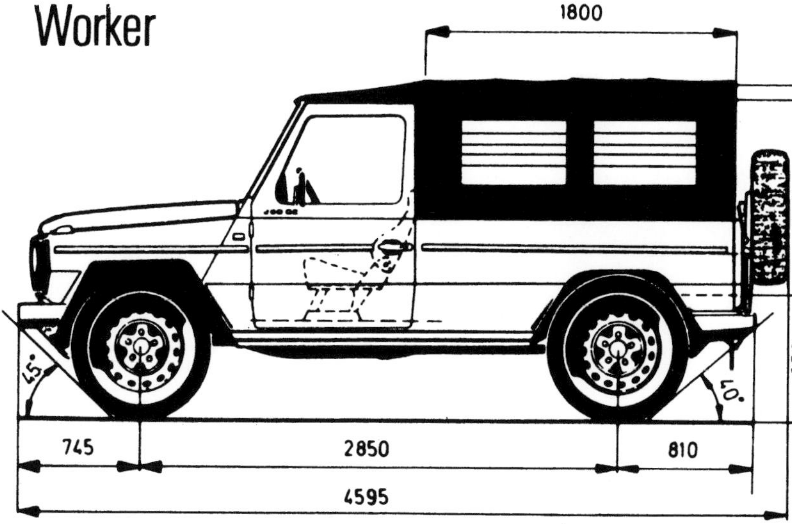
1800
1140
1190
650
Ladeboden
45°
40°
745
2850
810
4595

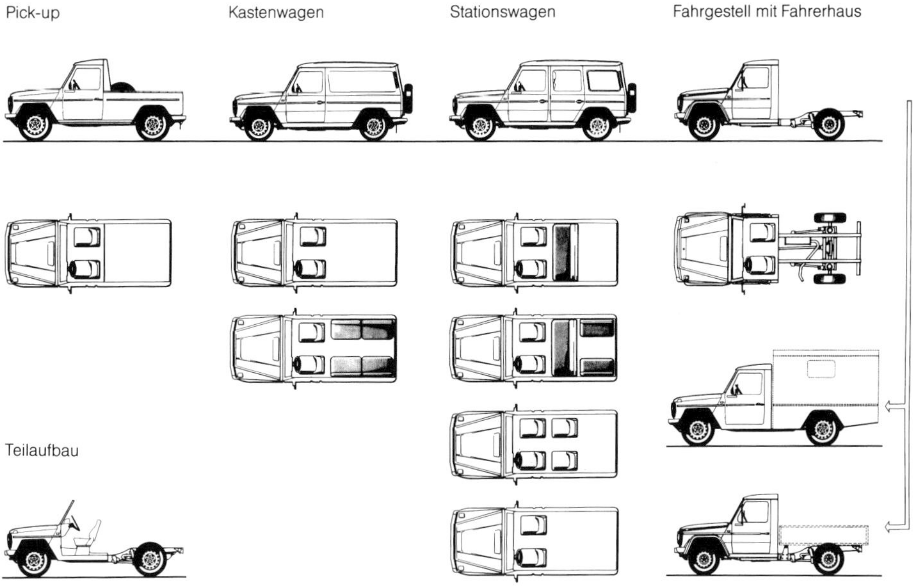
Pick-up
Kastenwagen
Stationswagen
Fahrgestell mit Fahrerhaus
Teilaufbau

Classic Data
Alter erzählt Geschichten, Zeit hinterlässt Spuren, Werte wandeln sich.